Vocabulaire combinatoire de la CFAO mécanique

Combinatory Vocabulary of CAD/CAM in Mechanical Engineering

Bulletin de terminologie 219 Terminology Bulletin 219

Claude Lainé
Module canadien

Réseau international de néologie et de terminologie (Rint)

Illustration

Exemple de modélisation surfacique d'une pale de turbine.

Gracieuseté de Cisigraph Canada Inc.

Example of surface modelling of a turbine blade.

Courtesy of Cisigraph Canada Inc.

En vente au Canada chez

votre libraire local

ou par la poste auprès du

Groupe Communication Canada - Édition
Ottawa (Canada) K1A 0S9

N° de catalogue S52-2/219-1993
ISBN 0-660-58029-2

Available in Canada through

your local bookseller

or by mail from

Canada Communication Group - Publishing
Ottawa, Canada K1A 0S9

Catalogue No. S52-2/219-1993
ISBN 0-660-58029-2

Données de catalogage avant publication (Canada)

Lainé, Claude, 1945-

Vocabulaire combinatoire de la CFAO mécanique = Combinatory vocabulary of CAD/CAM in mechanical engineering

(Bulletin de terminologie = Terminology bulletin ; 219)
Texte en français et en anglais.
Publ. par le Bureau de la traduction. Direction de la terminologie et des services linguistiques.
Comprend des références bibliographiques.
ISBN 0-660-58029-2
N° de cat. MAS S52-2/219-1993

1. CFAO, Systèmes de—Dictionnaires. 2. Conception assistée par ordinateur—Dictionnaires. 3. Génie mécanique—Informatique—Dictionnaires. 4. Français (Langue)—Dictionnaires anglais. 5. CFAO, Systèmes de—Dictionnaires anglais. 6. Conception assistée par ordinateur—Dictionnaires anglais. 7. Génie mécanique—Informatique—Dictionnaires anglais. 8. Anglais (Langue) Dictionnaires français. I. Canada. Secrétariat d'État du Canada. II. Canada. Bureau de la traduction. Direction de la terminologie et des services linguistiques. III. Titre. IV. Titre: Combinatory vocabulary of CAD/CAM in mechanical engineering. V. Coll.: Bulletin de

Canadian Cataloguing in Publication Data

Lainé, Claude, 1945-

Vocabulaire combinatoire de la CFAO mécanique = Combinatory vocabulary of CAD/CAM in mechanical engineering

(Bulletin de terminologie = Terminology Bulletin ; 219)
Text in French and English.
Issued by the Translation Bureau, Terminology and Linguistic Services Directorate.
Includes bibliographical references.
ISBN 0-660-58029-2
DSS cat. no. S52-2/219-1993

1. CAD/CAM systems—Dictionaries. 2. Computer-aided design—Dictionaries. 3. Mechanical engineering—Data processing—Dictionaries. 4. English language—Dictionaries—French. 5. CAD/CAM systems—Dictionaries—French. 6. Computer-aided design—Dictionaries—French. 7. Mechanical engineering—Data processing—Dictionaries—French. 8. French language—Dictionaries—English. I. Canada. Dept. of the Secretary of State of Canada. II. Canada. Translation Bureau. Terminology and Linguistic Services Directorate. III. Title. IV. Title. Combinatory vocabulary of CAD/CAM in mechanical engineering. V. Series: Bulletin de terminologie (Canada.

terminologie (Canada. Bureau de la traduction. Direction de la terminologie et des services linguistiques) ; 219.

TA345.5.C3L34 1993 620.0042'02'85
C93-099570-8F

Translation Bureau. Terminology and Linguistic Services Directorate) ; 219.

TA345.5.C3L34 1993 620.0042'02'85
C93-099570-8E

Table des matières

Table of Contents

Avant-propos

Lors de sa création en 1986 dans le cadre du programme d'aménagement linguistique des Sommets francophones, le Réseau international de néologie et de terminologie (Rint) s'engageait à fournir aux francophones les outils nécessaires à l'expression de la modernité scientifique et technique. Pour concrétiser cet engagement, la Direction de la terminologie et des services linguistiques (DTSL) du Secrétariat d'État du Canada, qui représente le module canadien au sein du Rint, a depuis produit plusieurs publications terminologiques à caractère néologique dans des domaines de pointe.

Le *Vocabulaire combinatoire de la CFAO mécanique* – conception et fabrication assistées par ordinateur en mécanique d'usinage – repose sur la prémisse que la connaissance du terme juste, bien que vitale, est souvent insuffisante pour communiquer avec clarté et précision. La connaissance du comportement dynamique de ce terme, plus précisément de son réseau de combinaisons usuelles (phraséologismes), est en effet essentielle à quiconque veut respecter l'idiomaticité d'une langue de spécialité.

Ce vocabulaire va donc au-delà de la dénomination des notions, en présentant – de façon structurée – ces phraséologismes; compléments

Foreword

When it was set up in 1986 as part of the Language planning program of the Francophone Summits, the *Réseau international de néologie et de terminologie (Rint)* committed itself to providing francophones with the tools they needed to express new scientific and technological concepts. To meet this commitment, the Terminology and Linguistic Services Directorate (TLSD), Department of the Secretary of State, which represents the Canadian module of the Rint, has since produced many terminological publications dealing with neologisms in leading-edge fields.

The *Combinatory Vocabulary of CAD/CAM in Mechanical Engineering* – computer-aided design and manufacturing in machining – is based on the premise that although knowing the right word is important, it is often not enough for clear, precise communication. Knowing how a term is used, in particular the range of combinations (phraseologisms) in which it is usually found, is essential for anyone who wants to respect the idiomatic turns of phrase of a language for specific purposes.

This vocabulary goes a step farther than simply naming concepts: it presents phraseologisms – indispensable

indispensables aux termes. Il offre ainsi à tout langagier, désireux de s'exprimer dans le même registre que les spécialistes francophones de la CFAO, un large éventail de combinaisons d'usage courant dans ce domaine.

Cet ouvrage devrait répondre au souhait maintes fois exprimé pour des ensembles terminologiques qui, en plus de nommer et de définir les notions, illustrent également leur emploi.

complements to terms – in a structured manner. Thus it offers language professionals who wish to express themselves in the same register as French-speaking CAD/CAM specialists a wide range of common usage combinations in this field.

This work should satisfy the oft expressed desire for terminological tools that not only name and define concepts, but also illustrate their usage.

Le sous-secrétaire d'État adjoint
(Langues officielles et Traduction),

Roger Collet

Assistant Under Secretary of State
(Official Languages and Translation)

Introduction

À l'instar de la langue courante, toute langue de spécialité (LS) privilégie certaines tournures; les unes figées, les autres semi-figées ou usuelles — phraséologismes. Ces dernières constituées d'un noyau — le terme — associé à un collocateur, sont généralement employées par l'ensemble des spécialistes d'un même domaine. Leur connaissance s'avère donc essentielle pour quiconque veut communiquer efficacement.

L'objet du *Vocabulaire combinatoire de la CFAO mécanique* vise avant tout la combinatoire phraséologique d'un ensemble cohérent de termes, normalisés pour la plupart, d'usage courant chez les spécialistes du domaine. Loin d'être exhaustive, à cause notamment d'un corpus de dépouillement limité, cette recherche-pilote illustre néanmoins l'intérêt qu'il y a d'analyser le discours d'une LS, afin de découvrir les moyens d'expression qui lui sont propres et sans lesquels la communication ne peut être idiomatique.

Ce vocabulaire s'adresse aux praticiens de la langue (traducteurs, rédacteurs techniques et terminologues) ainsi qu'aux utilisateurs de la CFAO (techniciens, professeurs et étudiants). Les fondements théoriques de la méthode adoptée sont présentés dans le numéro de *L'Actualité terminologique*, de

Introduction

Like everyday language, all languages for specific purposes (LSP) have their own turns of phrase; some are fixed expressions while others are semi-fixed expressions, or phraseologisms. Phraseologisms, which consist of a nucleus — the term — with a collocate, are normally used by specialists in a given field. Anyone who wants to communicate effectively needs to know them.

The primary purpose of the *Combinatory Vocabulary of CAD/CAM in Mechanical Engineering* is to compile the phraseologisms of a coherent set of mostly standardized terms that are commonly used by specialists in the field. Far from being exhaustive, mainly because of a limited corpus of documents to scan, this pilot research nevertheless illustrates the relevance of analysing the discourse of an LSP in order to discover specific expressions that would make communication unidiomatic if they were not used.

The vocabulary is intended for use by language professionals such as translators, technical writers and terminologists, as well as by French-speaking CAD/CAM teachers, students and technicians. The theoretical aspects of our lexicographical approach are described in the Summer 1993 issue of *Terminology Update*,

l'été 1993, consacré à la recherche phraséologique.

Arbre de domaine et corpus

Par son intégration de plus en plus complète de toutes les phases de production, la CFAO, qui concerne avant tout l'usage de l'informatique dans l'ensemble du processus de conception-fabrication, tend de plus en plus vers la productique. L'arbre de domaine de ce vocabulaire reflète cette réalité et recouvre des notions d'informatique, d'infographie, de conception, de modélisation, de commande numérique, de robotique et de production. Le corpus rassemblé regroupe donc des normes et des monographies traitant de ces disciplines.

Nomenclature

Trois principaux critères nous ont guidés dans l'établissement de la nomenclature : l'appartenance au domaine, la cohérence définitoire — tout terme du domaine utilisé dans la définition d'une notion est lui-même défini — et la pertinence des contextes.

Des contraintes documentaires et opérationnelles ne nous ont pas toujours permis de veiller à la cohérence au niveau du lexique; par exemple, le terme **surface simple** devrait en principe être répertorié, puisqu'un des types de surface simple — **surface réglée** — figure comme entrée. Nous croyons cependant que cette particularité n'entache en rien le propos de l'ouvrage qui est avant tout de faire ressortir l'aspect combinatoire des notions.

which is devoted to phraseological research.

Domain tree and corpus

Through its increasing integration into all phases of production, CAD/CAM, which primarily involves the use of computers in the whole design-manufacturing process, is tending toward computer-integrated manufacturing. The domain tree in this vocabulary reflects this reality and includes concepts from informatics, computer graphics, design, modelling, numerical control, robotics and production. The corpus scanned thus includes standards and monographs dealing with these disciplines.

Base list

Three main criteria guided us in establishing the base list: whether the term belonged to the field, whether it needed to be defined — every term in the field that is used to define a concept is itself also defined — and whether the contexts were relevant.

Because of documentary and operational constraints, we were not always able to ensure coherence in the glossary. For example, in theory the term **surface simple** should be listed because one of these types of surfaces — **surface réglée** — is an entry. We feel, however, that this detail does not detract from our goal, which is primarily to illustrate how terms are combined in the LSP.

Définitions

La plupart des définitions ont été extraites des normes citées dans la bibliographie de référence. Certaines ont été modifiées à la lumière des commentaires émis par les deux spécialistes de la CFAO sollicités.

Blocs phraséologiques

Dans un vocabulaire combinatoire, les notions sont présentées aux niveaux conceptuel – par leur définition – et fonctionnel – par un ensemble de microcontextes qui mettent en lumière les préférences langagières communes aux spécialistes d'un domaine donné. L'accent est mis sur le comportement dynamique des unités terminologiques, en repérant les éléments avec lesquels elles apparaissent, sinon systématiquement, à tout le moins habituellement. Ces éléments, appelés collocateurs, sont classés selon leur relation avec le terme, dans l'un des blocs phraséologiques suivants :

- terme + verbe;
- verbe + terme;
- terme + adjectif;
- terme + (préposition) + (article) + nom;
- nom + (préposition) + (article) + terme.

Par convention, nous n'avons pas indiqué l'article dans la séquence combinatoire verbe + terme.

Il n'est pas toujours aisé de connaître le degré de lexicalisation d'une combinaison, surtout dans le cas des syntagmes nominaux et adjectivaux. Les critères discriminants retenus sont ceux

Definitions

Most of the definitions were taken from the standards listed in the bibliography. Some were modified in the light of comments from the two CAD/CAM specialists consulted.

Phraseological units

In a combinatory vocabulary, concepts are presented on two levels: notions are defined, and a set of microcontexts that highlight the language preferences of specialists in a given field illustrate their use. Emphasis is put on the dynamic behaviour of the terminological units by recording the elements with which they usually, if not systematically, appear. Depending on their relationship to the term, these elements, which are called collocates, are listed as one of the following phraseological units:

- term + verb;
- verb + term;
- term + adjective;
- term + (preposition) + (article) + noun;
- noun + (preposition) + (article) + term.

Note that the article in the verb + term combination is not indicated.

It is not always easy to know the degree to which a combination has been lexicalized, especially in the case of lexicalized noun and adjectival phrases. The deciding criteria applied here were whether

de la définition et du corpus d'exclusion. Un syntagme défini, donc décodé, est une combinaison lexicalisée, jouissant généralement de son propre réseau de collocateurs; il est par conséquent répertorié comme unité terminologique. Les syntagmes non définis mais sentis comme «terminologisables», lorsque répondant à certains critères de repérage de l'unité terminologique, sont filtrés à l'aide d'un corpus constitué des vocabulaires et lexiques mentionnés dans la bibliographie de référence. S'ils figurent dans l'un de ces ouvrages, ils sont consignés en gras pour les démarquer des phraséologismes. Nous avons opté de les garder afin de ne pas perdre de l'information pertinente au domaine, en attendant qu'une étude plus exhaustive sur un corpus plus étendu permette de les répertorier comme entrées distinctes. Les blocs phraséologiques renfermant les syntagmes nominaux et adjectivaux sont donc des blocs de transition où peuvent cohabiter phraséologismes et unités terminologiques non définies.

they were defined and whether they were found in the corpus. A defined noun phrase, i.e. one that has been decoded, is a lexicalized combination that usually has its own network of collocates; therefore, it has been listed as a terminology unit. Noun phrases that are not defined but that could be "terminologized" according to certain criteria that would make them a terminology unit have been filtered out using a corpus consisting of the vocabularies and glossaries listed in the bibliography. If they are found in one of these works, they are highlighted to distinguish them from phraseologisms. We decided to keep them so as not to lose important information in the field until a more exhaustive study using a larger corpus enables them to be listed as separate entries. Phraseological units that include noun and adjectival phrases are thus transitional units that may contain phraseologisms or undefined terminology units.

- <u>fréquence</u>

Nous avons retenu toutes les occurrences, en indiquant par un * les combinaisons utilisées fréquemment par plusieurs auteurs.

<u>Frequency</u>

We have listed all the occurrences of a term, using an * to indicate the combinations frequently used by several authors.

- <u>microcontexte</u>

Le critère de découpage utilisé est celui de la plus petite unité phrastique compréhensible. Ce qui donne des microcontextes variant du phraséologisme lui-même à un segment ne dépassant pas en moyenne quatre éléments de part et d'autre de la combinaison.

<u>Microcontext</u>

The smallest understandable unit determined the length of a context. As a result, microcontexts vary from the phraseologism itself to a segment in which the combination on average has no more than four elements preceding or following it.

Le lecteur est invité à faire parvenir ses observations à l'adresse suivante :

Direction de la terminologie
et des services linguistiques
Secrétariat d'État du Canada
Ottawa (Ontario)
K1A 0M5

Readers are invited to send comments to the following address:

Terminology and Linguistic
Services Directorate
Department of the Secretary
of State of Canada
Ottawa, Ontario
K1A 0M5

Remerciements

Nous tenons à exprimer toute notre gratitude à MM. Jacques A. de Guise et Roland Maranzana, professeurs au Département de génie de la production automatisée de l'École de technologie supérieure (ÉTS) de l'Université du Québec, qui ont gracieusement accepté de réviser le manuscrit à différentes étapes de sa réalisation. Leurs pertinents commentaires, concernant notamment les définitions, ont contribué directement à enrichir le document.

Le manuscrit a également été soumis aux coordonnateurs des dix modules du Réseau international de néologie et de terminologie. Nos sincères remerciements s'adressent à ceux qui ont bien voulu nous faire part de leurs commentaires.

Secrétaire général du Rint
M. Louis-Jean Rousseau
(Office de la langue française)

Module africain
M. Marcel Diki-Kidiri
(Laboratoire de langues et civilisations à tradition orale — CNRS, France)

Module canadien
M. Malcolm Williams
(Secrétariat d'État du Canada)
Mme Diane Michaud

Acknowledgments

We would like to express our heartfelt thanks to Jacques A de Guise and Roland Maranzana, professors in the engineering and automated production department at the *École de technologie supérieure (ÉTS)* of the *Université du Québec*, who kindly agreed to review the manuscript during the various stages of completion. Their invaluable comments, especially concerning the definitions, contributed directly to enriching the document.

The manuscript was also submitted to the co-ordinators of the 10 modules of the *Réseau international de néologie et de terminologie*. Our sincere thanks go to everyone who submitted comments.

Secretary General of the Rint
Louis-Jean Rousseau
(Office de la langue française)

African module
Marcel Diki-Kidiri
(Laboratoire de langues et civilisations à tradition orale — CNRS, France)

Canadian module
Malcolm Williams
(Department of the Secretary of State of Canada)
Diane Michaud

Module de la Communauté française de Belgique
Mme Martine Garsou (ministère de la Culture et des Affaires sociales) et M. Daniel Blampain (Institut supérieur de l'État de traducteurs et interprètes)

Module français
M. Bernard Cerquiglini (Délégation générale à la langue française) et M. John Humbley (Centre de terminologie et de néologie)

Module haïtien
M. Pierre Vernet (Université d'État d'Haïti)

Module marocain
M. Ahmed Lakhdar-Ghazal (Institut d'études et de recherches pour l'arabisation)

Module québécois
M. Jean-Claude Rondeau (Office de la langue française)

Module suisse
Mme Françoise Parc et M. Rolf Moos (Chancellerie de la Confédération Suisse)

Module tunisien
M. Zouheir Marrachi (Institut national de la normalisation et de la propriété industrielle)

Module associé
M. Daniel Prado (Union latine, France)

Belgian module
Martine Garsou (ministère de la Culture et des Affaires sociales) and Daniel Blampain (Institut supérieur de l'État de traducteurs et interprètes)

French module
Bernard Cerquiglini (Délégation générale à la langue française) and John Humbley (Centre de terminologie et de néologie)

Haïtian module
Pierre Vernet (Université d'État d'Haïti)

Morrocan module
Ahmed Lakhdar-Ghazal (Institut d'études et de recherches pour l'arabisation)

Quebec module
Jean-Claude Rondeau (Office de la langue française)

Swiss module
Françoise Parc and Rolf Moos (Chancellerie de la Confédération Suisse)

Tunisian module
Zouheir Marrachi (Institut national de la normalisation et de la propriété industrielle)

Associate module
Daniel Prado (Union latine, France)

Guide d'utilisation

Termes

Tous les termes, qu'ils figurent en entrée ou dans un bloc phraséologique, sont en gras. Dans un bloc, ils sont remplacés par un tilde.

Classement

— entrées

Les entrées sont classées par ordre alphabétique absolu. Elles peuvent être simples ou constituées de synonymes; elles sont alors dites principales.

— phraséologismes

Classés par ordre alphabétique du premier élément significatif de la combinaison. Les articles, prépositions et pronoms sont considérés transparents. Ainsi *affichage sans scintillement* vient avant *affichage au trait*.

Les verbes sont ramenés à l'infinitif. De plus, la séquence combinatoire verbe + terme fait abstraction de l'article.

Définition

Dans une définition, tout terme ombré fait lui-même l'objet d'une entrée.

User's Guide

Terms

All terms, whether they are entries or in phraseological units, are highlighted. In units they are replaced by a tilde.

Order

— entries

Entries are listed in strict alphabetical order. They may be alone or have synonyms, in which case they are main entries.

— phraseologisms

Listed in alphabetical order of the first element of meaning in the combination. Articles, prepositions and pronouns are considered transparent. Thus, *affichage sans scintillement* comes before *affichage au trait*.

Verbs are listed in their infinitive form. The verb + term combination does not take articles into account.

Definition

In a definition, all shadowed terms indicate separate entries.

Bloc phraséologique

La partie gauche du bloc – appelée rubrique – schématise la relation du terme avec son collocateur. Par souci d'économie d'espace, nous avons omis le point abréviatif de prép. et art.

– asterisque

Critère de fréquence. Il rend compte de l'utilisation courante d'une même combinaison chez plusieurs auteurs.

– crochets

Ils regroupent des éléments interchangeables ou nécessaires à la compréhension du microcontexte.

– parenthèses

Dans une rubrique, elles encadrent un élément facultatif. Ainsi, ~(Prép)(Art)N regroupe des combinaisons où le terme et le nom sont juxtaposés, et d'autres où le terme est suivi d'un syntagme prépositionnel, avec ou sans article.

Dans un bloc phraséologique, elles entourent soit un élément facultatif, p. ex. *construire (interactivement) un plan*, soit les auxiliaires ou les semi-auxiliaires *conduire à, devoir, permettre de, pouvoir, etc.* souvent employés lorsque l'acteur est un inanimé. La mise entre parenthèses de ces éléments les rend transparents, facilitant ainsi le classement, donc le repérage, du véritable collocateur. Dans la combinaison *l'algorithme permet de traiter des données*, le verbe significatif est traiter, et non pas permettre de.

Phraseological units

The left side of the unit – called the category – sets out the relationship between the term and its collocate. To save space, we did not indicate the periods after the abbreviations prép. and art.

– asterisk

Frequency criterion. It indicates common usage of the same term by several authors.

– square brackets

Square brackets indicate elements that are interchangeable or necessary for understanding the microcontext.

– parentheses

In a category, they enclose an optional element. Thus, ~(Prép)(Art)N includes combinations in which a term and noun are side by side, and combinations in which a term is followed by a prepositional phrase with or without an article.

In a phraseological unit, they enclose either an optional element, such as *construire (interactivement) un plan*, or auxiliaries or partial auxiliaries such as *conduire à, devoir, permettre de, pouvoir*, which are often used when inanimate objects carry out the action. Putting them in parenthesis makes them transparent, making them easier to classify and find the true collocate. In the combination *l'algorithme permet de traiter des données*, the main verb is traiter and not permettre de. This combination is

Cette combinaison se retrouve donc classée à la lettre «t» dans la rubrique ~ Verbe.

thus listed under the letter "t" in the section ~ Verb.

Cf.

Abréviation qui renvoie à une notion apparentée, ou à une entrée contenant une mise en garde quant à l'utilisation du terme.

Cf.

Abbreviation that refers to a related concept or an entry with comments on the term's use.

NOTA

Observation complémentaire à la définition, ou qui renseigne sur l'emploi du terme.

NOTA

Additional comment to supplement a definition or comment on the use of a term.

Tilde

Caractère qui se substitue au terme.

Tilde

Represents a term.

Voir

Cas de synonymie. Cette indication renvoie à l'entrée principale.

Voir

Indicates a synonym. Refers to the main entry.

A

à deux dimensions; bidimensionnel; 2D — **two-dimensional; 2D**

Se dit de la représentation plane d'un objet dans un repère à deux coordonnées.

NOTA 2D s'emploie comme adjectif ou substantif.

affichage; visualisation — **display**

Présentation de données à l'écran.

V. ~	*modifier ~, réaliser ~ (à l'aide d'algorithmes géométriques), répéter ~ de l'image*
~ Adj.	*~ 2D, ~ entrelacé, ~ graphique, ~ interactif, ~ passif,* ***~ réaliste***, ~ 3D*, ~* ***vertoriel***
~(Prép)(Art)N	*~* ***à cristaux liquides**, ~ à deux tons, ~ en fil de fer, ~ sous forme de plusieurs vues, ~ en mode vectoriel, ~ en perspective, ~ sans scintillement, ~ à partir d'une structure de données, ~ en surfaces, ~ par taches, ~ en temps réel*, ~ au trait, ~ en trois dimensions*
N(Prép)(Art)~	***commande d'~**, **console de** ~, fenêtre d'~, mode de ~, moyen d'~ [dynamique, passif], opération de ~, paramètre de ~, phase de ~,* ***plan de** ~, primitive* d'~, techniques* de ~, technologies d'~, temps d'~, transformation* de ~ [2D, 3D],* ***unité de** ~, vitesse d'~*

affichage dynamique d'outil — **dynamic tool display**

Affichage d'une figure représentant un outil de coupe à commande numérique, que l'on déplace le long d'une trajectoire d'outil affichée à l'écran pour simuler et vérifier le processus de coupe.

à flux tendus — **just-in-time; JIT**

Cf. méthode juste à temps

algorithme — **algorithm**

Ensemble fini de règles déterminées servant à résoudre un problème au moyen d'un nombre fini d'opérations.

algorithme (suite)

~ V. — *~ analyser les conditions à remplir, ~ s'appuyer sur les modèles, ~ assurer la cohérence, ~ (devoir) calculer* [intersection de rayons, degré de luminosité de chaque portion d'un objet], ~ comparer* [objet, données], ~ consister en une recherche de valeurs, ~ se dérouler, ~ discriminer entre divers points, ~ donner une solution, ~ effectuer les calculs, ~ (permettre de) évaluer les performances des structures physiques modélisées, ~ exiger une taille de mémoire, ~ fournir des résultats, ~ (permettre de) générer [images pixels, dessins au trait], ~ implanter l'opération régularisée, ~ (devoir) lancer des rayons, ~ nécessiter [calculs, tris], ~ (devoir) obtenir les informations, ~ se prêter à* [objets, effets], ~ [conduire à, permettre de] produire* [données, plans], ~ réaliser la visualisation, ~ rechercher les parties visibles d'un objet, ~ requérir un volume de calcul, ~ se terminer, ~ (permettre de) traiter* [données, problèmes, intersection et suppression de surfaces], ~ travailler* [avec des nombres réels, en différé, en structure de données, en virgule flottante ou fixe]*

V. ~ — *accélérer ~, adapter* ~ (au modèle), appeler ~, appliquer* ~ (sur la structuration des données), câbler* ~ [dans un générateur d'images, au niveau du terminal], composer ~, décomposer ~ en actions [complexes, élémentaires], employer ~, [processeur graphique] exécuter* ~, implanter* ~, lancer ~, manipuler ~, mettre en oeuvre ~, microprogrammer* ~, modifier* ~, [intégration consiste à] «noyer» ~ de l'application dans le système CFAO, optimiser ~, programmer* ~, réaliser* ~, représenter ~, tester ~*

~ Adj. — *~ câblé, ~ complexe*, ~ efficace*, ~ élaboré, ~ fixe, ~ génératif, ~ géométrique, ~ graphique, ~ incrémental, ~ initial, ~ paramétré, ~ performant*, ~ puissant, ~ simple**

~(Prép)(Art)N — *~ d'affichage, ~ d'aide à la décision, ~ de balayage, ~ de base*, ~ de calculs [d'intersection*, de différence, d'ombrage, d'union], ~ de classification*, ~ de compression de données, ~ de compromis de contraintes, ~ de détermination des parties cachées, ~* ***d'élimination* des [parties, faces] cachées****, ~ de l'espace image, ~ de l'espace objet, ~ d'évaluation* (en un point), ~ d'extrapolation, ~ de faces cachées, ~ de facettisation, ~ de génération* [de courbes, de*

algorithme (suite)

vecteurs], ~ d'illumination, ~ d'interpolation, ~ de lissage, ~ de maillage automatique, ~ de préparation à la visualisation, ~* ***de profondeur****, ~* ***de recherche*****, ~ de réduction*, ~ de remplissage* (de polygones), ~ de simulation*, ~ à solution approchée, ~ de suivi de rayon, ~ de suppression* des [parties, faces] cachées, ~ de traçage*, ~ de traitement, ~ de tri*, ~ de visualisation**

N(Prép)(Art)~ *activant d'un ~, banque d'~, base d'~, cablâge des ~, calcul d'~, classe d'~, comportement des ~, composition des ~, conduite d'~, cycle d'exécution des ~, efficacité* d'un ~, enchaînement (automatique) des ~, [informations nécessaires à] l'exécution pas à pas d'un ~, famille d'~, fonctionnement d'un ~, implantation* d'~, mise en oeuvre d'~, modification d'~, performance* d'~, programmation d'~, réalisation d'un ~, traitement d'~ graphiques*

analyse par éléments finis; méthode des éléments finis — **finite-element analysis; FEA**

Méthode consistant à fractionner un modèle en éléments (maillage) dont on peut calculer facilement le comportement.

~ V. *~ consister à fractionner un modèle en éléments, ~ (permettre de) diviser [structures, surfaces, corps compliqués] en petites unités calculables, ~ (permettre d') identifier des comportements*

N(Prép)(Art)~ *intégration de la ~*

anticrénelage — **anti-aliasing**

Technique d'élimination du crénelage qui consiste à lisser les lignes et les contours d'un dessin ou d'une image.

APT — **automatically programmed tool; APT**

Voir **langage APT**

arbre CSG — **constructive solid geometry; CSG**

Voir **arbre de construction**

arbre décisionnel — **decision tree**

Voir **arbre de décision**

arbre de construction; arbre CSG — **constructive solid geometry; CSG**

Technique qui permet de construire un objet par l'assemblage de solides élémentaires à l'aide d'opérateurs booléens.

~ V.	*~ créer un modèle volumique, ~ définir le solide générique primitif, ~ modéliser un objet, ~ représenter* (les caractéristiques géométriques d') un objet*
V. ~	*composer ~, [programme] créer ~, [algorithme] évaluer* ~ (par les frontières)*
~ Adj.	*~ équilibré, ~ simplifié*
N(Prép)(Art)~	*feuilles de l'~, noeuds de l'~, représentation par l'~, [évaluation du modèle par] traversée de l'~, visualisation d'un ~*

arbre de décision; arbre décisionnel — **decision tree**

Graphique représentant schématiquement les conséquences probables de la prise d'un certain nombre de décisions de manière à ce qu'un décideur puisse effectuer un choix sur des risques calculés.

~ V.	*~ équivaloir à un ensemble de règles, ~ exécuter le travail, ~ trouver si un exemple appartient au concept*
V. ~	*créer ~, [modélisateur] dessiner ~*

arête — **edge**

Ligne d'intersection de deux plans ou de deux surfaces qui se coupent.

NOTA Élément de définition des volumes (sommets, arêtes, facettes) en modélisation 3D.

~ V.	*~ appartenir* à [scène, face], ~ border les facettes, ~ changer d'état de visibilité, ~ composer les facettes, ~ concourir au sommet, ~ se couper, ~ exister (une fois), ~ relier deux sommets*
V. ~	*afficher ~, assembler ~, attacher ~ d'un polygone à une facette d'un objet, calculer ~ à partir de modèles géométriques, comparer ~ à une autre ~, confondre ~, [système] connaître* ~ d'un solide, créer ~, [plan]*

arête (suite)

couper ~, [face, opérateur] définir ~ (d'un objet), dessiner ~ d'un objet, extraire ~ composant les facettes, matérialiser ~ (des modèles), modéliser ~, organiser ~ en liste, parcourir ~ d'un polygone, représenter ~ par deux brins, sectionner ~, souligner ~ visibles, spécifier [volume] par ses ~, superposer ~, tester ~, visualiser ~*

~ Adj.	*~ cachée, ~ colinéaire, ~ complète, ~ courbe, ~ droite, ~ éclatée, ~ fictive, ~ incidente, ~ inutile, ~ sectionnée, ~ visible*
~(Prép)(Art)N	*~ à cheval sur les deux demi-espaces*
N(Prép)(Art)~	*cohérence des ~, concavité d'une ~, construction d'une ~, convexité d'une ~, degré de continuité d'une ~, éclatement des ~, élimination des ~ cachées, équation d'une ~, extraction des ~, monotonie d'une ~, projection de toutes les ~, sommet d'une ~, verticalité d'une ~, visibilité d'une ~*

atelier flexible; système de production flexible; système flexible de fabrication; système flexible — **flexible manufacturing system; FMS**

Système composé d'unités de fabrication et de mécanismes automatisés de transport, qui facilite l'adaptation des moyens de fabrication en fonction des modifications des tâches.

~ V.	*~ accélérer le passage des pièces, ~ (pouvoir) s'adapter à tout changement de production, ~ comprendre des points de fabrication, ~ (pouvoir) se décomposer en trois éléments, ~ englober des concepts d'automatisation individuelle et de technologies, ~ fabriquer des pièces sur différents points de travail, ~ fonctionner comme un système intégré, ~ (pouvoir) manipuler diverses pièces dans le désordre, ~ optimiser l'utilisation des machines, ~ rassembler des machines, ~ réduire les en-cours, ~ travailler (sur son stock de pièces)*
V. ~	*concevoir* ~, [chariots filoguidés] desservir ~, piloter en temps réel l'ensemble du ~*
~ Adj.	*~ automatique, ~ automatisé*, ~ cohérent, ~ manuel, ~ omnidirectionnel, ~ opérationnel*, ~ semi-automatique*
~(Prép)(Art)N	*~ à accès aléatoire, ~ à haut niveau de spécialisation, ~ de production, ~ d'usinage**

atelier flexible (suite)

N(Prép)(Art)~ *cellule d'~, concept d'~, conception d'un ~, création d'un ~, configuration de l'~, développement d'un ~, génération d'un ~, mise en oeuvre d'un ~, mise en place de ~, mise en route d'un ~, structure d'un ~*

à trois dimensions; tridimensionnel; 3D — **three-dimensional; 3D**

Se dit de la représentation d'un objet dans un repère à trois coordonnées, les deux du plan et une troisième qui lui confère de la profondeur.

NOTA 3D s'emploie comme adjectif ou substantif.

attribut; attribut graphique; attribut visuel — **attribute; display attribute**

Caractéristique visuelle, comme la couleur ou la brillance, liée à un objet ou à un groupe graphique.

~ V. *~ appartenir à une primitive graphique, ~ caractériser les fonctions de base, ~ définir les paramètres de représentation des entités, ~ varier d'une station de travail à l'autre*

V. ~ *associer ~ à des éléments géométriques, attacher* ~ à des entités, [système de modélisation] manipuler ~, modifier* ~ (d'une entité), stocker ~ dans la base de données*

~ Adj. *~ géométrique, ~ global, ~ local, ~* ***primitif****, ~ textuel*

~(Prép)(Art)N *~ d'aspect, ~ de connexion des entités, ~ de gestion graphique des entités, ~ de visibilité*

N(Prép)(Art)~ *codage des ~, création d'~, désactivation d'~, identification des ~, invisibilité d'~, lecture d'~, modification* des ~, sélection d'~, stockage des ~, valeur d'un ~*

attribut graphique — **attribute; display attribute**

Voir **attribut**

attribut visuel — **attribute; display attribute**

Voir **attribut**

automatisation; mécanisation — **automation**

Mise en oeuvre de moyens automatiques pour la réalisation d'un processus.

~ V.	*~ modifier profondément [ateliers, comportements], ~ procurer une fiabilité dans le traitement des informations, ~ toucher [processus de fabrication, fonctions logistiques de l'atelier]*
V. ~	*[techniques informatiques] (permettre de) accéder à ~, concevoir ~ selon [approche globale, approche système], mettre en oeuvre ~ selon [approche globale, approche système]*
~ Adj.	*~ complète, ~ flexible, ~ totale*
N(Prép)(Art)~	*matériel d'~, (haut) niveau d'~*

axe — **axis**

Direction dans laquelle une partie de la machine peut bouger dans un mode linéaire ou rotatif.

~ V.	*~ (pouvoir) se déplacer simultanément*
V. ~	*actionner ~, commander ~ (numériquement), primer ~*
~ Adj.	*~ longitudinal, ~ principal, ~ rotatif, ~ secondaire, ~ transversal, ~ vertical*
~(Prép)(Art)N	*~ d'une machine, ~ de référence, ~ de rotation, ~ de translation de la machine, ~ (des) [X, Y, Z]*
N(Prép)(Art)~	*déplacement sur ~, mise en oeuvre d'~ commandés numériquement, mise en position sur les ~, rotation autour d'un ~, sens d'un ~*

axe — **axis**

Droite de repère dans un système de coordonnées graphiques.

~(Prép)(Art)N	*~ des abcisses, des ordonnées*

axe — **axis**

Voir **axe mécanique**

axe mécanique; axe — **axis**

Direction dans laquelle une partie du robot peut être animée d'un mouvement linéaire ou angulaire.

axe mécanique (suite)

~ V. — *~ apporter un degré de liberté (à la mobilité d'un robot), ~ se couper, ~ s'intersecter*

~ Adj. — *~ concourant, ~ fixe, ~ non concourant, ~ normal, ~ polyarticulé, ~ souple*

~(Prép)(Art)N — *~ d'un plan, ~ de rotation*

N(Prép)(Art)~ — *économie d'~, objet à ~ vertical, rotation d'un ~, translation selon un ~*

B

base de connaissances — **knowledge base**

Dans un système expert, ensemble d'informations représentant l'état des connaissances dans le domaine traité.

base de données; BD — **data base; DB**

Rassemblement, en un fichier unique, d'un ensemble de données nécessaires au traitement d'une application sous tous ses aspects.

~ V. — *~ communiquer avec les autres BD, ~ contenir* [représentation de l'objet, entités, informations], ~ inclure [données, représentation mathématique], ~ permettre la manipulation d'objets complexes, ~ regrouper un ensemble d'informations, ~ stocker des entités graphiques*

V. ~ — *compléter ~, constituer ~, consulter* ~, créer* (un composant) en ~, entrer [gamme d'usinage] dans ~, enrichir ~, exploiter ~, gérer ~, initialiser ~, intégrer ~, [utilisateur] interagir avec ~, mémoriser (les choix) dans ~, mettre à jour* ~, mettre en oeuvre* ~, mettre sur pied ~, mettre en place* ~, modifier ~, organiser* ~, ranger en ~, redéfinir ~, stocker* [dans, en] ~, valoriser ~*

~ Adj. — *~ 2D, ~ dynamique, ~ experte, ~ homogène, ~ hétérogène, ~ intégrée, ~ interactive, ~ locale, ~ orientée objet*, ~* ***répartie****, ~* ***techniques****, ~ tridimensionnelle**

base de données (suite)

~(Prép)(Art)N	*~ CAO, ~ CFAO, ~ de conception, ~ objets, ~ outils*
N(Prép)(Art)~	*accès à une ~, architecture d'une ~, constitution d'une ~, consultation* d'une ~, création* d'une ~, état de la ~, évolutivité d'une ~, exploration systématique d'une ~, initialisation d'une ~, interconnexion avec des ~, mise à jour* d'une ~, mise en oeuvre d'une ~, mise en place d'une ~, normalisation d'une ~, organisation* d'une ~, ouverture d'une ~, prise en compte de ~, redéfinition de la ~, structure* (statique) de la ~, valorisation d'une ~*

base de données relationnelle; BDR — **relational data base; RDB**

Base de données s'appuyant sur un modèle relationnel utilisant des tables et trois opérateurs de base : sélection, projection et jonction.

BD — **data base; DB**

Voir **base de données**

BDR — **relational data base; RDB**

Voir **base de données relationnelle**

bibliothèque — **library**

Ensemble de fichiers apparentés.

NOTA Une bibliothèque est généralement qualifiée par la caractéristique de ses éléments, par exemple : bibliothèque des matériaux, bibliothèque d'images, bibliothèque de procédures, etc.

~ V.	*~ [de procédures] aiguiller le code à travers les modules, ~ contenir [éléments, modèles], ~ faciliter la modélisation, ~ [d'images] (servir à) stocker les attributs de chaque pixel*
V. ~	*composer ~ (d'objets paramétrés), concevoir ~, construire* ~, consulter ~, créer ~, développer ~, gérer* ~, maintenir ~*
~ Adj.	*~ **graphique**, ~ normalisée, ~ publique, ~ transférable*
~(Prép)(Art)N	*~ d'algorithmes, ~ de base du système CAO, ~ de critères, ~ de données* (paramétriques), ~ **des éléments**, ~ **de fonctions**, ~ de formes, ~ d'images, ~ **des matériaux**,*

bibliothèque (suite)

~ de modèles, ~ d'objets (géométriques), ~ d'opérations, ~ de pièces standards, ~* ***de(s) procédures****, ~ de profils paramétrés, ~* ***de programmes****, *~ de sous-programmes de calcul, ~ de symboles*

N(Prép)(Art)~ *gestion des ~*

bidimensionnel — **two-dimensional; 2D**

Voir **à deux dimensions**

boîte à boutons — **teach pendant**

Voir **pupitre d'apprentissage**

boule de commande; boule roulante — **track ball; trackball; control ball; tracker ball**

Releveur de coordonnées ou dispositif de pointage comportant une boule mobile dans son logement.

N(Prép)(Art)~ *manipulation d'une ~*

boule roulante — **track ball; trackball; control ball; tracker ball**

Voir **boule de commande**

bras — **arm primary axes**

Voir **bras axes principaux**

bras axes principaux; bras — **arm primary axes**

Ensemble d'articulations ou de coulisses motorisées, reliées entre elles et formant une chaîne, qui porte, positionne et oriente le poignet ou un terminal.

~ V. *~ orienter [poignet, terminal], ~ porter [poignet, terminal], ~ positionner [poignet, terminal]*

B-spline rationnelle non uniforme; spline NURBS; NURBS — **nonuniform rational B-spline; NURBS**

Fonction d'interpolation de type B-spline, employée au sein de modeleurs géométriques, permettant une représentation exacte des quadriques ainsi qu'un contrôle fin des formes.

B-spline rationnelle non uniforme (suite)

NOTA La principale exploitation de ce modèle concerne la représentation des coniques et l'unification qu'il réalise entre ces courbes et les courbes B-splines décrivant des courbes gauches.

bureau des méthodes; Méthodes; Service Méthodes — **process planning**

Service d'une entreprise chargé de mettre en application sur le terrain le résultat des travaux du bureau d'études, et de rechercher les moyens et les procédures appropriés pour réaliser les produits au moindre coût.

~ V. — *~ analyser [tolérances dimensionnelles, tolérances de positions, tolérances de formes, qualités de surface], ~ chiffrer le coût du produit, ~ concevoir les outillages, ~ coordonner les lancements en production des nouveaux produits, ~ décider de [faisabilité d'une pièce, ordre opératoire, surface de positionnement], ~ définir les moyens de production, ~ élaborer* [programmes qui piloteront les machines-outils, données pour la Gestion de Production, gammes de fabrication, nomenclatures], ~ mesurer [travail des ateliers, temps et performances], ~ mettre en application [modifications de produits et de processus, résultat des travaux du bureau d'études], ~ prendre en compte les plans et dossiers d'études des produits, ~ rechercher les moyens et procédures pour réaliser les produits au moindre coût, ~ tenir à jour les données pour la Gestion de Production*

N(Prép)(Art)~ — *emploi de la CFAO par les ~, fonctionnalité du ~*

bureau d'études — **engineering department**

Service d'une entreprise chargé de concevoir les produits, d'en définir les caractéristiques et d'en dessiner les plans.

~ V. — *~ (devoir) adapter les produits, ~ apporter une modification à un composant, ~ construire le modèle de la pièce, ~ élaborer* [produits, données], ~ concevoir [produit, plan], ~ mettre en train des pièces, ~ répondre aux cahiers des charges, ~ (devoir) travailler avec les Méthodes et la Fabrication*

V. ~ — *[conception] s'exercer au ~*

C

cahier des charges — **specifications; book of specifications**

Recueil des caractéristiques que devra présenter un matériel ou plus généralement une réalisation technique à l'étude ou en commande.

~ V. — *~ contenir des spécifications, ~ décrire [applications, contraintes, détails de la réalisation], ~ définir* [applications, contraintes, détails de la réalisation], ~ indiquer [applications, contraintes, détails de la réalisation], ~ préciser [applications, contraintes, détails de la réalisation]*

V. ~ — *[solution] correspondre exactement au ~, définir* ~, élaborer* ~, établir* ~, réaliser ~, rédiger* ~, répondre* aux exigences du ~, [étude] résoudre ~, satisfaire au ~*

~ Adj. — *~ fonctionnel, ~ hiérarchisé, ~ précis*

~(Prép)(Art)N — *~ de l'objet*

N(Prép)(Art)~ — *définition* du ~, élaboration* du ~, établissement* du ~, rédaction* du ~*

CAO — **computer-aided design; computer-assisted design; CAD**

Voir **conception assistée par ordinateur**

carreau; carreau de surface; surface élémentaire — **patch**

Surface définie sur un domaine fermé et borné qui approche au mieux, localement, la surface de l'objet que l'on souhaite modéliser.

~ V. — *~ modéliser les surfaces, ~ posséder [frontières, x côtés avec un réseau caractéristique], ~ se raccorder sur leurs frontières communes, ~ recouvrir plus d'un pixel*

V. ~ — *approcher* ~ (par des facettes planes), construire* ~ (par restriction à son domaine utile), [fonctionnalités capables de] créer ~, décomposer (les surfaces des objets) en ~, définir* ~ [de surfaces gauches, par n courbes 3D], [réseau] délimiter ~, diviser ~ en*

carreau (suite)

carreaux, [mouvements d'outil] générer ~, limiter ~ par n courbes, projeter ~ de la surface, raccorder ~, [droite] transpercer différents ~ de la scène, visualiser ~*

~ Adj. *~ adressable, ~ adjacent, ~ bicubique, ~ concourant, ~ dégénéré, ~ élémentaire, ~ paramétrique, ~ réglé, ~ singulier, ~ triangulaire*

~(Prép)(Art)N *~* ***de Bézier****, ~* ***B-spline****, ~* ***B-spline rationnel****, ~ enveloppe, ~ de raccordement, ~ de remplissage, ~ support*, ~ de surface gauche*

N(Prép)(Art)~ *agencement de ~, approximation d'un ~, assemblage de ~, balayage d'un ~, construction* de ~ (par interpolation et par lissage), création d'un ~ [à partir de son réseau de points de contrôle, par raccordement, à partir d'un carreau initial et de courbes d'intersection, par déplacement], décomposition (d'une surface) en ~, découpage en ~, définition d'un ~, domaine utile d'un ~, [solution basée sur l'] expression de ~, ensemble ordonné de ~, frontière d'un ~, intersection* de ~, points de passage sur un ~, pôles d'un ~, raccordement* (aux frontières communes) de ~ (adjacents), réseau de ~, singularité de ~*

carreau de surface — **patch**

Voir **carreau**

carreau restreint — **trimmed surface patch**

Carreau défini par intersection booléenne de demi-plans.

cellule — **manufacturing cell; cell**

Voir **cellule de fabrication flexible**

cellule de fabrication flexible; cellule flexible de production; cellule flexible d'usinage; cellule flexible; cellule — **manufacturing cell; cell**

Unité autonome constituée d'une ou plusieurs machines avec transfert des pièces automatique par système robot.

cellule de fabrication flexible (suite)

~ V. — *~ composer les ateliers, ~ connaître les pièces, ~ (pouvoir) former des chaînes de production, ~ (devoir) posséder une gestion de la durée de vie des outils, ~ prendre en charge [cycle opératoire, pièces]*

V. ~ — *concevoir ~, [machines-outils à commande numérique] constituer* ~, implanter ~, organiser ~ pour la fabrication d'une famille de pièces, regrouper* (machines) en ~, [produits] transiter par ~, usiner des pièces avec ~*

~ Adj. — *~ autonome, ~ destinatrice, ~ fonctionnelle hiérarchisée, ~ intégrée, ~ origine, ~ robotisée**

~(Prép)(Art)N — *~ à grande flexibilité, ~ à grande productivité, ~ à pilotage par automate*

N(Prép)(Art)~ — *autonomie d'une ~, délestage entre ~, écoulement (de pièces) à travers la ~, fabrication en ~ d'usinage, fonctionnement de la ~, (plan d')implantation* de ~ (robotisées), marche d'une ~, organisation hiérarchique des ~, pilotage* de ~, réactivité des ~, simulation graphique de ~ robotisées, système de pilotage d'une ~*

cellule flexible — **manufacturing cell; cell**

Voir **cellule de fabrication flexible**

cellule flexible de production — **manufacturing cell; cell**

Voir **cellule de fabrication flexible**

cellule flexible d'usinage — **manufacturing cell; cell**

Voir **cellule de fabrication flexible**

CFAO — **computer-aided design/computer-aided manufacturing; CAD/CAM**

Voir **conception et fabrication assistées par ordinateur**

changement d'échelle; mise à l'échelle — **scaling**

Opération permettant d'agrandir ou de réduire l'ensemble ou une partie d'une image en multipliant ses coordonnées par une constante.

changement d'échelle (suite)

V. ~ *effectuer** ~, transformer (un objet) par ~*

~ Adj. *~ multiplicative*

N(Prép)(Art)~ *matrice de ~, transformation de ~*

classification **classification**

En TGAO, consiste à regrouper les pièces en familles homogènes selon certaines caractéristiques (morphologie, matière, mode d'obtention, etc.).

~ V. *~ se traduire par un numéro de code*

V. ~ *[secteurs de l'entreprise] bénéficier de ~ des pièces, (pouvoir) étendre ~ à tous les secteurs d'activité*

~(Prép)(Art)N *~ de pièces en familles*

clavier **keyboard**

Dispositif à touches permettant d'intervenir sur le déroulement d'un processus par introduction de données.

~ V. *~ comporter** [touches fonctions, qualités ergonomiques], ~ (permettre d') entrer une chaîne de caractères, ~ permettre l'introduction de** [texte, valeurs numériques], ~ (permettre de) transmettre des informations*

V. ~ *entrer [coordonnées] au ~, rentrer au ~ [code, données]*

~ Adj. *~ **alphanumérique****

~(Prép)(Art)N *~ **de fonctions***, ~ **de fonctions programmées**, ~ **d'édition alphanumérique***

N(Prép)(Art)~ *saisie au ~, manipulations au ~*

clignotement **blinking**

Modification volontaire et périodique de l'intensité d'un ou de plusieurs éléments graphiques.

~ V. *~ apparaître*

V. ~ *atténuer ~*

N(Prép)(Art)~ *effet de ~, phénomène de ~*

clôture | **viewport**

Partie prédéfinie d'un espace d'affichage.

~ V. — *~ (permettre de) définir un espace, ~ délimiter un espace*

V. ~ — *définir* ~ (par les points bas gauche et haut droit), fixer ~ par la procédure VIEWPORT*

N(Prép)(Art)~ — *association (d'une fenêtre) à une ~*

CN | **numerical control; NC**

Voir **commande numérique**

CN | **normalized device coordinate; NDC**

Voir **coordonnée d'appareil normée**

CNC | **computer numerical control; CNC**

Voir **commande numérique par ordinateur**

CND | **direct numerical control; DNC**

Voir **commande numérique directe**

codification | **coding**

Affectation d'une référence codée à un groupe d'informations relatives à des sujets devant être traités en ordinateur.

~ V. — *~ se dérouler selon un processus conversationnel*

V. ~ — *adapter ~, construire ~, [dictionnaire de forme] contenir ~ des caractères à traiter, établir ~, matérialiser ~ par un porte code pouvant être lu par des lecteurs*

~ Adj. — *~ informatique, ~ morphodimensionnelle*

~(Prép)(Art)N — *~ en conversationnel, ~ multi-applications, ~ à plusieurs niveaux*

cohérence | **coherence; consistency**

Tendance qu'ont les caractéristiques d'une scène ou d'un objet à demeurer localement constantes.

cohérence (suite)

V. ~ *assurer* ~ [aux données, d'une vue, d'une structure], conserver ~ entre les représentations, contrôler ~ entre l'objet en «devenir» et la demande, gérer* ~ [d'ensemble d'un projet, des liaisons entre les objets CAO], utiliser ~, vérifier* ~ (de plusieurs vues)*

~ Adj. *~ spatiale, ~ topologique*

~(Prép)(Art)N *~ entre [modèles, objet «en devenir» et demande initiale, projet «en devenir» et problème posé, vues]*

N(Prép)(Art)~ ***contrôle de** ~, **maintien de la** ~, vérification de ~*

commande continue; contournage — **contouring control**

Dans une machine-outil à commande numérique, commande qui permet d'usiner suivant une trajectoire continue de l'outil non parallèle aux axes.

~ V. *~ englober la commande point à point*

V. ~ *[fraiseuses] comprendre ~, [aléseuses, tours, grignoteuses, centres d'usinage] disposer de ~*

~(Prép)(Art)N *~ à interpolation linéaire ou circulaire*

commande d'affichage — **display command; display instruction**

Commande qui modifie l'état ou agit sur l'activité d'un écran de visualisation.

commande numérique; CN — **numerical control; NC**

Technique de commande de machines-outils ou d'équipement semblable, selon laquelle le mouvement est déterminé par des ordres codés sous forme numérique.

~ V. *~ assurer [gestion des programmes, pilotage de la machine, stockage des programmes], ~ comparer les valeurs de consigne et les valeurs actuelles des coordonnées et des vitesses, ~ comprendre un langage, ~ mémoriser la liste des outils manquants, ~ réduire le temps de positionnement des outils, ~ (faire) remonter les incidents vers le superviseur*

V. ~ *fournir à ~ des informations en temps réel, intégrer dans les systèmes de CFAO, introduire ~, programmer en ~, réaliser une pièce en ~*

commande numérique (suite)

N(Prép)(Art)~ *constitution d'usinages à ~, directeur de ~, langage compréhensible par la ~, machine à ~, préparation de la ~, programme* ~, pupitre de la ~, simulation de la ~, traitement d'une pièce par ~*

commande numérique directe; DNC; CND — **direct numerical control; DNC**

Système dans lequel un ensemble de machines à commande numérique est connecté à un ordinateur.

~ V. *~ consister à commander des machines à partir d'un ordinateur, ~ exercer le même type de commande que les éléments analogiques, ~ (pouvoir) se faire avec des machines traditionnelles ou à commande par calculateur intégré, (système) ~ gérer [programmes de commande numérique, données outils], (système) ~ recueillir en fin d'usinage [éléments statistiques, défauts éventuels], ~ (pouvoir) reprogrammer une commande*

V. ~ *combiner ~ à des machines à commande numérique à calculateur intégré, introduire ~ implique l'addition de composants*

N(Prép)(Art)~ *programme ~*

commande numérique par calculateur intégré — **computer numerical control; CNC**

Voir **commande numérique par ordinateur**

commande numérique par ordinateur; commande numérique par calculateur intégré; CNC — **computer numerical control; CNC**

Technique selon laquelle la commande d'une machine-outil utilise un ordinateur pour mémoriser des instructions de commande numérique qui ont été produites par un système de CFAO.

~ V. *~ (être capable de) commander ses propres mouvements, ~ (être capable de) mesurer les déplacements des organes mobiles*

commande paraxiale | **straight-cut control system; straight-cut system**

Dans une machine-outil à commande numérique, commande de déplacement de l'outil parallèlement à l'un des axes, pendant l'usinage et à une vitesse d'avance déterminée.

V. ~ *[perceuses, fraiseuses] (pouvoir) disposer de ~, [aléseuses] disposer de ~ (ou de contournage)*

commande point à point | **point-to-point control; positioning system**

Dans une machine-outil à commande numérique, commande de mise en position de l'outil sans définition de la trajectoire entre son point de départ et le point où l'usinage doit commencer.

compilateur; programme de compilation | **compiler**

Programme spécial servant à la traduction d'un programme, rédigé en langage de haut niveau, en langage machine propre à un ordinateur donné.

~ V. *~ servir à la traduction d'un programme*

complaisance; compliance | **compliance**

Comportement souple d'un robot ou d'un quelconque outil associé en réaction à des forces externes exercées sur lui.

~ Adj. *~ active*, ~ passive*, ~* ***statique***

compliance | **compliance**

Voir **complaisance**

conception; design; définition | **design**

Activité créatrice qui consiste à élaborer l'ensemble d'un projet ou une partie des éléments le constituant.

~ V. *~ se concrétiser sous forme d'un objet, ~ se décomposer en plusieurs phases, ~ s'exprimer mentalement sous forme d'une idée, ~ poser des problèmes de calcul*

V. ~ *adapter ~ à l'entreprise, automatiser ~, documenter ~ (sous forme de dessins), formaliser ~, [utilisateur] modifier* ~, remanier ~*

conception (suite)

~ Adj. — *~ automatisable, ~ automatisée, ~ 2D, ~* ***fonctionnelle,*** *~ hiérarchisée, ~ mécanique, ~* ***paramétrique,*** *~* ***simultanée,*** *~ 3D**

N(Prép)(Art)~ — *base de données de ~, cheminement de ~, erreur de ~, historique de la ~, logiciel* de ~, outil d'aide à la ~, phase* (de) ~, processus de ~ [itératif, heuristique], temps de ~*

conception assistée par ordinateur; CAO — **computer-aided design; computer-assisted design; CAD**

Ensemble des activités de conception, y compris dessins et illustrations, qui utilisent des systèmes informatiques pour assurer des fonctions telles que la conception ou l'amélioration d'une pièce ou d'un produit.

~ V. — *~ abréger [délais de conception, délais de préparation de la liasse], ~ améliorer les techniques de conception et de fabrication, ~ [permettre de, se préoccuper de] créer* [vues d'un objet, données], ~ (permettre de) définir un objet, ~ faire appel aux techniques d'approximation automatique, ~ (permettre de) mettre à jour les vues d'un objet, ~ (se charger de) répercuter les modifications*

V. ~ — *baser ~ sur un modèle descriptif, définir une pièce en ~, implanter ~, porter ~ sur micro*

~ Adj. — *~ 2D, ~ mécanique, ~ 3D**

~(Prép)(Art)N — *~ sur micro-ordinateur*

N(Prép)(Art)~ — *aspect logiciel de la ~, aspect matériel de la ~, base de données en ~, chaîne ~, implantation de la ~, intégration* ~, introduction de la ~ dans l'entreprise, logiciel* de ~, matériel de ~, modeleur de ~, outil* (de) ~, portabilité en ~, poste* ~ [2D, 3D], progiciel de ~, reprise en ~ des plans*

conception et fabrication assistées par ordinateur; CFAO — **computer-aided design/computer-aided manufacturing; CAD/CAM**

Technologie reliée à l'utilisation de l'ordinateur pour des fins de conception et de fabrication.

Cf. conception assistée par ordinateur, fabrication assistée par ordinateur

conception et fabrication assistées par ordinateur (suite)

~ V. — *~ générer des informations, ~ s'intéresser au processus de conception-fabrication, ~ (permettre de) modifier des plans, ~ recouvrir l'aspect conception, fabrication et liaison conception-fabrication*

V. ~ — *aborder ~, acquérir une ~, s'équiper en ~, implanter ~, intégrer ~ dans la conception et la fabrication, introduire** ~, mettre en oeuvre ~ de manière répartie, utiliser ~, visualiser ~*

~ Adj. — *~ intégrée*

N(Prép)(Art)~ — *acquisition d'une ~, activité ~, application** (de la) ~, chaîne ~, environnement** ~ (standardisé), implantation de la ~, insertion de la ~ dans une entreprise, intégration (de la) ~, introduction** de la ~, logiciel** (de) ~, mise en oeuvre de la ~, mise en place de la ~, noyau ~, outil** ~, poste** (de) ~, station de travail de ~, techniques de ~*

conception par entités — **features modeling**

Voir **modélisation produit**

console graphique — **graphics terminal**

Voir **terminal graphique**

contour — **contour**

En modélisation 2D ou 3D, ensemble d'arêtes (droites ou courbes) délimitant une surface.

~ V. — *~ s'appuyer sur des éléments de base, ~ comporter des informations, ~ se couper, ~ définir [intérieur, extérieur], ~ se détacher à l'affichage*

V. ~ — *approcher ~ par un polygone, associer au ~ un algorithme (de préparation à la visualisation), constituer ~ sur un support, créer** ~ (à partir de segments), décrire ~ [par des listes, dans un plan], définir** ~ [par une suite de points, dans un plan], évaluer ~, modéliser ~, reconnaître ~, réduire ~, remplir ~, représenter ~, tracer ~, traiter ~*

~ Adj. — *~ accidenté, ~ brisé, ~ convexe, ~ fermé**, ~ ouvert**, ~ plan, ~ polygonal*

contour (suite)

N(Prép)(Art)~ *connaissance explicite des ~, connectivité entre les ~, lignes de ~, modélisation de ~, modification du ~, paramétrisation de ~, reconnaissance de ~, remplissage de ~, surface d'un ~*

contournage — **contouring control**

Voir **commande continue**

contrainte — **constraint**

Relation qui restreint les valeurs d'une variable ou le champ d'application d'un processus.

NOTA S'emploie généralement au pluriel.

~ V. *~ exprimer une relation entre une ou plusieurs caractéristiques d'un ensemble, ~ imposer des limites à la réalisation, ~ porter sur un élément*

V. ~ *appliquer ~ à une fonction, calculer ~, créer ~ d'intégrité, décrire ~, définir* ~, évaluer ~, exprimer mathématiquement ~, fixer ~, imposer* ~ à la machine, intégrer ~, introduire ~, se libérer des ~ dues au serrage, lier* ~ [à l'objet, aux aspects, aux procédés d'usinage], [logiciel] proposer conversationnellement des ~, répondre à ~, respecter* ~, spécifier ~, tenir compte* ~, transmettre ~ aux organes*

~ Adj. *~ fonctionnelle*, ~ géométrique*, ~ linéaire, ~ maximale, ~ principale, ~ secondaire, ~ sévère, ~ technique, ~ technologique, ~ topologique**

~(Prép)(Art)N *~ de continuité*,* ***~ sous contraintes****, ~ de décomposition en carreaux, ~ entre les données, ~ de fabrication, ~ d'intégrité, ~ de positivité, ~ de raccordement des carreaux, ~ de type métrique*

N(Prép)(Art)~ *acquisition interactive des ~, calcul des ~, construction sous ~, définition des ~, évaluation des ~, graphe de ~, méthode de résolution des ~, prise en compte des ~, programmation des ~*

coordonnée — **coordinate**

Valeur définissant la position d'un point dans un plan ou dans l'espace, d'après un système de références.

coordonnée (suite)

NOTA S'emploie généralement au pluriel.

~ V. *~ caractériser [positions relatives de la pièce ou des outils, trajectoires], ~ définir la position d'un point, ~ déterminer [déplacements, position d'un point]*

V. ~ *additionner ~, [ordinateur] calculer ~, connaître ~ d'un point, définir* ~, déterminer* ~, donner ~, [calculateur] enregistrer ~ de chaque point, entrer ~ au clavier, envoyer ~ à l'ordinateur, fournir [mouvement] en ~, générer ~, interpoler ~, introduire ~ d'un point, [calculateur] mémoriser ~ [des points de la trajectoire, des sommets], mesurer ~ d'un point, multiplier ~, normaliser ~, recueillir ~ de l'objet pointé, relever ~, relier ~ à un espace virtuel, représenter par ~, saisir* ~ (par pointé sur la position du curseur), stocker ~, traduire [l'information] en ~ par [électronique associée, logiciel], transformer* ~, valider ~ de chaque point*

~ Adj. *~ cylindrique, ~ discrète, ~ géométrique, ~ paramétrée, ~ paramétrique, ~ plane, ~* ***polaire****, *~ sphérique**

~(Prép)(Art)N *~ en absolu, ~* ***de dimension****, ~ écran, ~ de l'espace, ~ d'un objet, ~ d'un point, ~ en relatif, ~ de vecteurs*

N(Prép)(Art)~ *acquisition automatique de ~, collecte de ~, connaissance des ~, détermination des ~, entrée* de ~, introduction de ~ (de façon numérique), mesure absolue des ~, point de ~, récupération de ~, relevé de coordonnées, système de ~*, transformation de ~, validation* de ~*

coordonnée absolue **absolute coordinate**

L'une des coordonnées qui détermine une position adressable par rapport à l'origine d'un système de coordonnées défini.

~ V. *~ déterminer une position adressable*

V. ~ *tracer en ~*

coordonnée angulaire **polar coordinate**

En commande numérique, coordonnée indiquant le déplacement ou la position angulaire autour d'un axe rotatif.

~(Prép)(Art)N *~ autour de l'axe [X, Y, Z]*

coordonnée angulaire — **joint coordinate**

Voir **coordonnée articulaire**

coordonnée articulaire; coordonnée généralisée; coordonnée angulaire — **joint coordinate**

L'une des variables (angles ou longueurs) qui définissent la configuration du robot à un instant donné.

coordonnée cartésienne — **cartesian coordinate**

Coordonnée utilisée dans un plan et un espace pour repérer les points selon des axes orthogonaux.

V. ~   *définir un point [en, par] ~, [application] travailler en ~*

N(Prép)(Art)~   *lissage de ~, passage des ~ aux coordonnées homogènes*

coordonnée d'appareil — **device coordinate**

Coordonnée définie dans un système de coordonnées propre à l'appareil.

coordonnée d'appareil normée; coordonnée normalisée; CN — **normalized device coordinate; NDC**

Coordonnée d'appareil définie dans un système de coordonnées intermédiaire et qui utilise une gamme de valeurs normalisée, généralement comprise entre 0 et 1.

~ V.   *~ permettre de rendre [indépendant, portable] les applications graphiques*

N(Prép)(Art)~   *système de ~ (en trois dimensions)*

coordonnée d'utilisateur — **user coordinate**

Coordonnée définie par un utilisateur et exprimée dans un système de coordonnées indépendant de l'appareil.

coordonnée généralisée — **joint coordinate**

Voir **coordonnée articulaire**

coordonnée homogène — **homogenous coordinate**

Coordonnée qui sert à représenter les objets appartenant à un espace à n dimensions dans un espace à n+1 dimensions.

coordonnée homogène (suite)

~ V. *~ former une séquence admissible pour le carreau, ~ prendre une valeur, ~ satisfaire une relation*

V. ~ *convertir (un point de l'espace) en ~, décrire ~, représenter [point, vecteur] en ~, utiliser ~*

N(Prép)(Art)~ *concept de ~, expression des ~, influence des ~ sur [comportement, forme] des courbes, passage des ~ aux coordonnées cartésiennes, séquence de ~*

coordonnée normalisée **normalized device coordinate; NDC**

Voir **coordonnée d'appareil normée**

coordonnée relative **relative coordinate**

L'une des coordonnées qui détermine une position adressable par rapport à une autre position adressable.

~ V. *~ déterminer une position adressable*

V. ~ *implanter ~, tracer en ~*

N(Prép)(Art)~ *travail en ~*

coordonnée universelle; coordonnée virtuelle de l'usager; CVU **world coordinate**

Coordonnée cartésienne indépendante de l'appareil utilisée pour spécifier les entrées et les sorties graphiques.

N(Prép)(Art)~ *système de ~ (en trois dimensions)*

coordonnée virtuelle de l'usager **world coordinate**

Voir **coordonnée universelle**

CVU **world coordinate**

Voir **coordonnée universelle**

copie d'écran **screen printing**

Voir **recopie d'écran**

cotation **dimensioning**

Report, sur le plan représentant une pièce, des spécifications dimensionnelles et géométriques qui la caractérisent.

~ V. *~ s'appuyer sur les segments, ~ contenir des informations, ~ intervenir sur des entités 3D, ~ (devoir) respecter des normes*

V. ~ *afficher ~, associer* ~ à [logiciel, objet, entité], calculer ~, décrire ~, effectuer ~ d'une façon interactive et semi-automatique, mettre en place ~, placer ~*

~ Adj. *~ alignée, ~* ***associative****, ~* ***automatique*****, ~ cohérente, ~ exacte, ~ fiable, ~ horizontale, ~ non associative, ~ parallèle, ~ précise*, ~ semi-fonctionnelle, ~ verticale, ~ volumique*

~(Prép)(Art)N *~ de fabrication, ~ de liaison, ~ en ordonnée*

N(Prép)(Art)~ *commande de ~, fonction de ~, fonctionnalité de ~, graphisme des ~, méthode de ~, mise [en page, en place] de la ~, type de ~, valeur de ~, variante de ~*

cotation absolue **absolute dimensioning; coordinate dimensioning**

Cotation selon laquelle chaque coordonnée de dimension est définie à partir d'un point d'origine commune ou d'une ligne de référence commune.

cotation fonctionnelle **stacking**

Cotation faisant ressortir les cotes que la pièce doit avoir pour remplir la fonction qui lui incombe.

NOTA La cotation fonctionnelle permet d'affecter aux cotes les tolérances strictement utiles par une judicieuse répartition du jeu de montage désiré entre les tolérances attribuées aux cotes constituant la chaîne de cotes minimale.

cotation relative **incremental dimensioning**

Cotation selon laquelle chaque coordonnée de dimension est définie à partir du point précédent.

couche **layer**

Dans le modèle de référence d'interconnexion de systèmes ouverts, groupe de services, de fonctions et de protocoles, conçu comme un tout, appartenant à un ensemble hiérarchisé de sept groupes, et qui s'étend à travers tous les systèmes ouverts.

~(Prép)(Art)N *~ **application***, ~ **liaison de données**, ~ ligne, ~ **physique**, ~ **présentation***, ~ **réseau***, ~ **session***, ~ **transport****

courbe **curve**

Entité géométrique de dimension 1 pouvant être dans un plan (courbe plane), ou dans l'espace (courbe quelconque).

NOTA Une courbe, à la limite, peut être droite.

~ V. *~ appartenir à une surface, ~ décrire une forme, ~ définir* [côtés, frontières] d'une surface, ~ délimiter les frontières du plan, ~ lisser le polygone caractéristique qui la définit, ~ osciller entre les points de contrôle, ~ passer* par les points de contrôle, ~ subir des transformations géométriques*

V. ~ *adoucir ~, [modification] affecter ~, ajuster ~, altérer (localement) ~, appliquer un mouvement de rotation à ~, [vouloir] approcher ~, assujettir ~ à des contraintes, attirer ~ par des points de contrôle, calculer* ~, chaîner ~, circonscrire ~, (faire) coïncider ~ avec la courbe idéale, connaître* ~ [de façon analytique, de façon discrète, par un ensemble de points 3D], construire* ~, créer* ~, décrire ~ par un ensemble de portions de courbes, définir* ~ [mathématiquement, par une série de points, par les polynômes, par des fonctions polynômiales paramétriques à coefficients vectoriels], déformer ~, déplacer ~, dessiner* ~, exprimer ~, extraire ~, générer ~ (par une série de points), guider ~ par des points de contrôle, [points de contrôle] influencer* ~, lisser ~, manipuler* ~ (par les produits matriciels), mémoriser ~, modéliser* ~, modifier* ~, obliger ~ à passer par des points, obtenir* ~ (par lissage), paramétrer* ~, perturber* ~, polygonaliser ~, raccorder ~, réaliser ~, représenter* ~ [sous une forme explicite, par son équation, à l'aide d'un paramètre], restreindre ~ aux parties utiles des carreaux, soumettre ~ à [changements d'échelle, rotations, translations], stocker* ~ (en mémoire), tracer ~, transformer ~ (localement), travailler sur ~, visualiser ~*

courbe (suite)

~ Adj.

~ algébrique, ~ analytique, ~ approchée, ~ complexe, ~ composite, ~* ***continue****, ~ élémentaire, ~ exacte, ~ explicite, ~ fermée, ~ fractale, ~ gauche*, ~ idéale, ~ implicite, ~ initiale, ~ isoparamétrique, ~ limite, ~ lisse, ~ non paramétrique, ~ orthogonale, ~ paramétrée*, ~ paramétrique*, ~ perturbée (au voisinage du sommet du polygone), ~ plane*, ~ polynômiale (de degré élevé), ~ rationnelle, ~ remarquable, ~ simple, ~ spatiale, ~ théorique, ~ verticale*

~(Prép)(Art)N

~ ***d'approximation*****, ~ de contrôle, ~ de départ, ~ de l'espace, ~ frontière*, ~ d'Hermite, ~* ***d'interpolation*****, ~ d'intersection*, ~ isoparamètre d'un carreau, ~ «isovaleurs», ~ du plan, ~ à pôles*, ~ de raccordement, ~ réponse*, ~ support, ~ à valeurs multiples*

N(Prép)(Art)~

ajustement d'une ~, allure d'une ~, approche ~, approximation d'une ~, arc de ~, aspect d'une ~, attraction d'une ~, calcul d'une ~, coefficient d'une ~, comportement global d'une ~, construction* de ~, continuité* d'une ~, correction d'une ~, création* d'une ~ à partir [de ses points de contrôle, d'une liste ordonnée de points, de l'intersection de deux carreaux], définition* (numérique) d'une ~, déformation de ~ (à l'aide de points de contrôle), degré* d'une ~, déplacement d'une ~ par [translation, rotation], description d'une ~, discrétisation des ~ frontières, douceur d'une ~, élégance d'une ~, espace paramétrique d'une ~, génération d'une ~, interpolation* d'une ~ (par une suite de polynômes), intersection d'une ~ avec une surface, intervalle utile d'une ~, lieu géométrique d'une ~, lissage* de ~, manipulation des ~, mise en place des ~, modelage* (interactif) de ~ (à l'aide de points de contrôle), modélisation par ~, modification d'une ~, ouverture d'une ~, paramétrage d'une ~, pente d'une ~, points de contrôle d'une ~, pôles d'une ~, polygone de contrôle d'une ~, positionnement d'une ~, propriétés d'une ~, qualité géométrique d'une ~, raccordement de ~, relation ~-polygone caractéristique, représentation* d'une ~, réseau de ~, tracé d'une ~, unicursalité d'une ~, visualisation d'une ~*

courbe B-Spline; courbe Spline **B-spline; B-spline curve**

Courbe paramétrée dont le degré est indépendant du nombre de points de contrôle la définissant, et qu'il est possible d'altérer localement en attribuant un poids différent aux divers points de contrôle.

Cf. courbe de Bézier

~ V.	*~ avoir un caractère local, ~ décrire des courbes gauches*
V. ~	*associer ~ à un polygone, faire passer ~ par une suite de points alignés*
~ Adj.	*~ cubique, ~* ***cyclique****, ~ linéaire, ~ non uniforme, ~ paramétrique, ~* ***quadratique*****, ~ rationnelle, ~ simple, ~ uniforme*
~(Prép)(Art)N	*~ d'approximation, ~ d'interpolation**
N(Prép)(Art)~	*construction de ~ par interpolation, degré d'une ~, détermination de ~ par lissage*

courbe de Bézier **Bezier curve**

Courbe paramétrée dont le degré est directement lié au nombre de points de contrôle la définissant, et qui subit une déformation globale lorsque la position d'un seul des points de contrôle, par lequel elle ne passe pas, est modifiée.

Cf. courbe B-Spline

~ V.	*~ (permettre de) façonner itéractivement la géométrie en conception, ~ passer par les points de contrôle, ~ reposer sur la distribution binômiale, ~ subir une translation*
V. ~	*associer (plusieurs) ~ [pour constituer une courbe composite, à un polygone], [système] calculer ~, construire ~ à partir d'un polygone caractéristique, contrôler ~ avec 4 points, définir* ~ à partir de [points de contrôle, polygone caractéristique], déterminer ~ par son polygone caractéristique, [ensemble de points] former ~, paramétriser ~*
~ Adj.	*~ rationnelle*
N(Prép)(Art)~	*algorithme de construction des ~, comportement des ~, degré d'une ~, implantation d'une ~, invariance de la forme d'une ~, mise en oeuvre des ~, modélisation par ~, points d'inflexion d'une ~, restriction d'une ~, réversibilité d'une ~*

courbe spline — **B-spline; B-spline curve**

Voir **courbe B-Spline**

crayon optique — **light pen; light-pen**

Voir **photostyle**

crayon photosensible — **light pen; light-pen**

Voir **photostyle**

crénelage; effet d'escalier; phénomène d'escalier — **aliasing**

Effet visuel indésirable provoqué soit par la définition insuffisante de l'image, ou par un filtrage inadéquat des contours d'objets, et qui prend habituellement la forme de dentelures et de contours brisés.

~ V. *~ apparaître lors du tracé*

V. ~ *créer ~, limiter ~, produire ~*

N(Prép)(Art)~ *atténuation de ~*

D

DAO — **computer-aided drafting; computer-aided drawing**

Voir **dessin assisté par ordinateur**

DDL — **degree of freedom; DOF**

Voir **degré de liberté**

décision — **decision**

Ensemble de raisonnements ou de procédés algorithmiques conduisant à la mise en application d'une conclusion comportant une part de risque.

~ Adj. *~ complexe, ~* ***non programmable****, ~* ***programmable****, ~* ***semi-programmable***

N(Prép)(Art)~ *(processus de) prise de ~*

découpage; détourage **clipping; scissoring**

Action de tronquer des informations en supprimant tous les éléments graphiques qui se trouvent à l'extérieur d'une limite donnée.

~ V.	*~ consister à éliminer des tracés*
V. ~	*effectuer ~ [en coordonnées écran, dans l'espace, dans le plan], gérer ~*
~ Adj.	*~ 2D, ~ extérieur, ~ intérieur, ~ 3D*
~(Prép)(Art)N	*~ selon une clôture concave*

définition **design**

Voir **conception**

degré de liberté; DDL **degree of freedom; DOF**

En modélisation variationnelle, nombre de possibilités de mouvement des sommets d'un polygone.

NOTA S'emploie généralement au pluriel.

degré de liberté; DDL **degree of freedom; DOF**

En maillage, nombre de variables du problème à résoudre (de 0 à 6 pour chaque noeud du problème).

NOTA S'emploie généralement au pluriel.

degré de liberté; DDL **degree of freedom; DOF**

En robotique, nombre d'articulations du robot.

NOTA S'emploie généralement au pluriel.

V. ~	*ajouter ~ à un robot, commander ~ du robot, [robot] (pouvoir) se mouvoir selon trois ~*

degré de liberté; DDL **degree of freedom; DOF**

Dans un système mécanique, nombre de variables (maximum six) nécessaires pour définir les mouvements d'un solide dans l'espace.

NOTA S'emploie généralement au pluriel.

design **design**

Voir **conception**

dessin; plan **drawing**

Collection d'éléments graphiques ou de segments présentés sur une aire de tracé.

~ V. *~ (avoir pour but de) aider à la conception, ~ comporter [cotations, nomenclatures], ~ décrire la pièce, ~ disparaître (de l'écran), ~ permettre la mise en oeuvre du prototype, ~ (avoir pour but de) préciser certaines données, ~ (avoir pour but de) présenter des renseignements, ~ reposer sur une géométrie définie*

V. ~ *afficher* ~ (à l'écran), altérer ~, annoter* ~, archiver ~, automatiser ~, calculer ~, charger ~, concevoir* ~ (en CAO), constituer ~, construire* (interactivement) ~, consulter* ~, coter* ~ (à une échelle définie), créer* ~ (par CAO), décrire* ~, définir ~, déplacer ~, désigner ~, détruire ~, éditer ~, enregistrer ~ sous forme «raster», enrichir ~, épurer ~, établir ~ à partir de spécifications, [algorithme] générer* ~ (au trait), habiller* ~, hachurer ~, interpréter ~, manipuler* ~, mettre à jour* ~, modifier* (interactivement) ~, numériser* ~, organiser ~, produire* ~ [ligne par ligne, au trait, à l'aide d'un système graphique], réaliser* ~ [en mode trait, interactivement], reprendre* ~ (en CAO), représenter ~, reproduire ~, sortir ~ sur table traçante, stocker* ~ (électroniquement), superposer ~ sur un autre en affichage, traiter ~, visualiser ~*

~ Adj. *~ automatisé*, ~ chargé*, ~ détaillé, ~ évocateur, ~ imprécis, ~ incompatible, ~ informatisé, ~ numérisé CAO, ~ paramétré, ~ précis, ~ technique, ~ tolérancé, ~ tridimensionnel, ~ utilisable en base de données, ~ vectoriel*

~(Prép)(Art)N *~ des bruts, ~ (sous forme) CAO, ~ CFAO, ~ de conception, ~ de définition* d'une pièce, ~ de détail, ~ en 2D, ~ d'encombrement, ~ d'ensemble*, ~ d'exécution*, ~ de sous-ensemble, ~ au trait**

N(Prép)(Art)~ *archivage de ~ , compréhension d'un ~ , (mode de) construction* d'un ~ , consultation* de ~ , cotation de ~ , création de ~ , édition de ~ , entité du ~ , extraction de ~ , habillage* de ~ , liasse de ~ , mise à jour des ~ , numérisation* de ~ , optimisation du ~ , persistence du ~ , précision des ~ , production* de ~ , réalisation* d'un ~ , reprise* (en CAO) des ~ , restitution de ~ , segmentation de ~ , sous-cotation du ~*

dessin (suite)

référence, standardisation des ~ , stockage des ~ , support du ~, sur-cotation du ~ référence, surimpression de ~ , système d'aide au ~ , tirage de ~ , tracé automatique de ~ de détails, vectorisation de ~

dessin assisté par ordinateur; DAO — **computer-aided drafting; computer-aided drawing**

Ensemble des aides à la visualisation graphique et à la réalisation des plans nécessaires à la fabrication d'un produit.

~ V. — *~ gérer des dessins d'objets, ~ traiter des dessins d'objets*

détourage — **clipping; scissoring**

Voir **découpage**

2D — **two-dimensional; 2D**

Voir **à deux dimensions**

digitalisation — **digitization**

Voir **numérisation**

discrétisation — **digitization**

Voir **numérisation**

dispositif de désignation — **pick device**

Organe d'entrée utilisé pour saisir un ou plusieurs éléments graphiques.

NOTA Un photostyle par exemple.

dispositif de pointage — **pointing device**

Dispositif utilisé pour déplacer un pointeur sur un écran.

NOTA Souris, boule de commande ou manche à balai.

~ V. — *~ (servir à) déplacer un curseur sur un écran graphique, ~ (pouvoir) servir à des fins de numérisation*

DNC | **direct numerical control; DNC**

Voir **commande numérique directe**

donnée | **data**

Fait, notion ou instruction représenté sous une forme conventionnelle convenant à la communication, à l'interprétation ou au traitement par des moyens humains ou automatiques.

~ V. — *~ circuler*, ~ contenir des informations, ~ décrire* l'objet à concevoir, ~ se rapporter au fonctionnement du matériel, ~ renfermer des informations, ~ servir à l'opérateur*

V. ~ — *accepter ~, acquérir ~, adapter ~, agir sur ~, analyser ~, archiver* ~, arranger ~, assembler ~, attacher ~ à l'objet, centraliser ~, codifier ~, collecter ~, communiquer ~ (à)*, compiler ~, connecter ~ à l'ordinateur, conserver ~, consulter ~, contenir ~, convertir* ~, dupliquer ~, échantillonner ~, éditer ~, [conversion de fichier] égratigner des ~, enregistrer* ~, entrer* ~ (au clavier), exprimer* ~ (en bits), fournir* ~, générer* ~, gérer* ~, induire ~, injecter ~ au cours du processus, inscrire ~, intégrer ~ dans la base de données, introduire* ~ (dans un système de CAO), lire ~, manipuler* ~, mémoriser* ~ (en local), mettre en forme ~, modéliser ~ (de conception), obtenir ~, [pré-processeur] organiser* ~, préparer ~, rassembler ~, réarranger ~, recevoir ~, recueillir ~, regrouper* ~, représenter* ~, résumer ~, réunir ~, sortir ~, stocker* ~ (en mémoire), structurer ~, tenir à jour ~, traduire* ~ (en relevés), traiter* ~, transférer* ~, transformer ~, transmettre* ~, transporter ~ entre systèmes, trier ~, vérifier ~*

~ Adj. — *~ **alphanumérique***, ~ **analogique**, ~ binaire, ~ complexe, ~ descriptive*, ~ discontinue, ~ **discrète**, ~ disparate, ~ dynamique*, ~ fonctionnelle, ~ géométrique*, ~ indépendante (d'un programme), ~ informatisée, ~ non géométrique, ~ **numérique**, ~ paramétrique, ~ **permanente**, ~ séquentielle, ~ statique, ~ technique*, ~ temporaire, ~ topologique*

~(Prép)(Art)N — *~ de conception, ~ **d'entrée**, ~ de fabrication, ~ d'impulsion, ~ d'un programme, ~ **de sortie***

donnée (suite)

N(Prép)(Art)~ *accès aux ~,* ***acquisition* de*** *~ [en 2D, en 3D], adresse de ~,* ***analyse de*** *~, archivage des ~, banque de ~, cohérence des ~ (entrées au clavier),* ***collecte* de*** *~, compactage des ~, compatibilité des ~, compilation* de ~, contraintes entre les ~, conversion* des ~, création* des ~ (de fabrication), description des ~, dynamicité des ~, échange de ~, échelonnement des ~, échantillonnage de ~, enregistrement des ~,* ***entrée de*** *~, extraction de ~,* ***flux de*** *~,* ***gestion* de*** *~,* ***indépendance des*** *~ (par rapport aux programmes),* ***intégrité* des*** *~, manipulation* de ~ (en mode conversationnel), mise en forme des ~, mise à jour des ~, modélisation des ~, modification des ~, organisation hiérarchique des ~, répétition des ~, représentation de ~, retouche de ~,* ***saisie de*** *~, segmentation des ~, spécificité des ~, stockage* de ~, structuration* (hiérarchique) des ~, structure* de ~, syntaxe des ~,* ***traitement des*** *~, transfert* des ~,* ***transmission* de*** *~, typage des ~*

donnée graphique — **graphical data; graphic data**

Donnée utilisée pour la production interactive de dessins ou d'images.

V. ~ *introduire ~*

N(Prép)(Art)~ *traitement des ~*

E

écran; écran de visualisation — **display screen; viewing screen; screen**

Dispositif matériel sur lequel l'information est affichée.

V. ~ *afficher* sur ~, découper ~ en lignes, effacer* ~, [logiciel] émuler ~, gouverner ~ par une carte graphique, projeter sur ~, rafraîchir ~, visualiser à ~*

~ Adj *~ alphanumérique, ~ matriciel, ~ monochrome, ~ non rémanent, ~ rafraîchi, ~ rémanent*, ~ vectoriel**

écran (suite)

~(Prép)(Art)N — *~ à **balayage récurrent***, *~ **à balayage télévision***, *~ **couleurs***, *~ **couleurs à masque***, *~ **couleurs à pénétration***, *~ **à cristaux liquides***, *~ à électrofluorescence, ~ à électroluminescence, ~ à entretien dynamique, ~ à entretien statique, ~ **haute définition****, *~ à mémoire**, *~ à photodiodes, ~ **à rafraîchissement***, *~ à tension alternative, ~ à tension continue, ~ tube mémoire*

N(Prép)(Art)~ — *charge d'un ~, **défilement à l'~**, **définition* de l'~**, effacement de l'~, gestion de l'~, (organe de) recopie* d'~, résolution d'un ~, tracé à l'~*

écran à balayage cavalier; visu à balayage cavalier — **calligraphic display device; directed beam display device**

Visu dans laquelle les éléments d'image peuvent être engendrés dans un ordre quelconque, commandé par programme.

écran à plasma — **plasma screen; plasma panel display; plasma panel**

Écran plat constitué d'une grille d'électrodes placée en milieu gazeux dans une chambre plate.

écran à tube cathodique — **cathode screen; CRT screen**

Voir **écran cathodique**

écran cathodique; écran à tube cathodique — **cathode screen; CRT screen**

Écran d'un tube à rayons cathodiques commandé par un ensemble de circuits électroniques appelé moniteur, et servant d'appareil d'affichage.

écran de visualisation — **display screen; viewing screen; screen**

Voir **écran**

écran graphique — **graphics screen**

Dans un système graphique, écran servant à afficher des données.

NOTA L'écran cathodique est fréquemment utilisé en infographie, mais on lui préfère parfois d'autres dispositifs comme l'écran à cristaux liquides, à laser, à plasma ou tactile.

écran graphique (suite)

~ V.	*~ [ponctuel] travailler au niveau du point*
V. ~	*apparaître sur ~, [logiciel] émuler ~*
~ Adj.	*~* ***matriciel****, ~* ***ponctuel****, ~* ***vectoriel***
~(Prép)(Art)N	*~ à affichage en mode vectoriel, ~ à balayage télévision*
N(Prép)(Art)~	*évolution des ~*

écran tactile — **touch screen; touch-sensitive screen; touch panel**

Écran ayant à la fois la fonction d'un dispositif de désignation et d'affichage et permettant à l'utilisateur d'indiquer par simple toucher du doigt une zone donnée de l'écran.

~ Adj.	*~ capacitif, ~ résistif*

effecteur — **end-effector**

Voir **organe terminal**

effet d'escalier — **aliasing**

Voir **crénelage**

élément d'image — **picture element; pixel; PEL**

Voir **pixel**

élément graphique; primitive graphique — **output primitive; display element; graphic primitive**

Élément géométrique simple (point, segment de droite, arc, etc.) utilisé pour constituer une image.

V. ~	*créer ~, décrire ~, définir ~, générer ~*
~(Prép)(Art)N	*~ de conception*
N(Prép)(Art)~	*génération des ~, insertion d'un ~ dans un segment, stockage des ~*

élimination des faces cachées; élimination des parties cachées — **hidden-surface removal; hidden-surface elimination**

Technique d'identification et d'effacement des parties d'un objet tridimensionnel qui sont invisibles à l'observateur, dans le but d'obtenir une image plus réaliste.

N(Prép)(Art)~ *algorithme d'~*

élimination des parties cachées — **hidden-surface removal; hidden-surface elimination**

Voir **élimination des faces cachées**

en-cours — **work-in-process; WIP**

Ensemble des matières ou produits, destinés à l'usinage, qui se trouvent en atelier durant le cycle de production.

V. ~ *classer ~, connaître ~ à chaque poste de travail, diminuer* ~, minimiser ~, réduire* ~, gérer ~*

~ Adj. *~ minimum*

~(Prép)(Art)N *~ de fabrication**

N(Prép)(Art)~ *diminution* ~, état des ~, flux des ~, gestion* des ~ (de fabrication), maîtrise des ~, réduction* des ~, stock d'~, volume des ~*

en temps réel — **real time**

Se dit du traitement des données effectué par un ordinateur en relation avec un processus extérieur, ce traitement devant respecter des contraintes de temps imposées par le processus extérieur.

V. ~ *[ordinateur de pilotage] assurer ~ le suivi des opérations, effectuer l'animation ~, gérer (le fonctionnement) ~, optimiser ~ l'engagement des machines, piloter* ~ [atelier, système flexible], résoudre ~ les problèmes de calcul, [machine] traiter les facettes ~*

N(Prép)(Art)~ *affichage (graphique)* ~, gestion ~ des ateliers de production, informations ~, méthode de recherche ~, pilotage ~ des moyens*

entité — **entity**

Représente l'unité fondamentale d'information permettant la représentation d'un modèle.

entité (suite)

~ V.	*~ définir [segments de droite, surface], ~ emmagasiner des coordonnées, ~ exister [dans la base de données, sur plusieurs niveaux graphiques]*
V. ~	*[opérateur] accéder à ~, afficher* ~, approcher ~ pour les modéliser, [valeurs numériques] caractériser ~ de la BD, connaître ~ (de manière non ambiguë), créer* ~, décrire ~, définir* ~, [transformation] (permettre de) déplacer* ~, désigner ~, déterminer ~, [transformation] (permettre de) dupliquer* ~, [logiciel] générer ~ géométriques, [propriétés] lier ~ entre elles, manipuler* ~, modéliser* ~, modifier* ~, [utilisateur] pointer ~, prendre en compte ~, regrouper* ~, répertorier ~, reproduire ~, réutiliser ~, stocker ~, utiliser ~ pour représenter un plan, verrouiller ~, visualiser* ~*
~ Adj.	*~ cohérente, ~ cotée, ~ 2D*, ~ «figée», ~ filaire, fonctionnelle, ~ fractionnée, ~ identique, ~ indépendante, ~ informatique, ~ jointive, ~ logiquement dépendante, ~ modélisée, ~ paramétrée, ~ physiquement dépendante, ~ référencée, ~ simple, ~ spécifique, ~ surfacique, ~ technologique, ~ 3D, ~ visible*
~(Prép)(Art)N	*~ **d'annotation**, ~ d'association, ~-enfant, ~ de gestion, ~ d'habillage*, ~-parent du fichier, ~ du plan, ~ de structuration, ~ **de structure**, ~ d'usinage*
N(Prép)(Art)~	*affichage d'une ~, attributs* (graphiques) d'une ~, codage des ~, connexion des ~, cotation des ~ 2D, définition* d'une ~ (par contraintes géométriques), déformation des ~, déplacement d'~, description* d'une ~, désignation d'~, épaisseur de l'~, étiquette de l'~, format d'une ~, fractionnement d'~ à leur point d'intersection, géométrie d'une ~, gestion* (graphique) des ~, identification des ~, manipulation (interactive) d'une ~, modélisation des ~ d'usinage, paramètre* (numérique des) ~, relation d'intersection entre ~, représentation des ~, validité d'une ~*

entité géométrique **geometric entity**

Élément constitutif du plan, de type filaire, surfacique ou volumique.

~ V.	*~ constituer un composant (en base de données), ~ posséder des attributs*

entité géométrique (suite)

V. ~ *créer ~, effacer ~, manipuler ~, modifier ~, référencer (automatiquement) ~ dans une nomenclature, représenter ~*

~ Adj. *~ 2D*, ~ (de type) filaire, ~ identifiable, ~ simple, ~ (de type) surfacique, ~ 3D, ~ (de type) volumique*

N(Prép)(Art)~ *affichage d'~, représentation des ~, transfert d'une ~ (entre systèmes de CFAO)*

entité graphique — **graphic entity; graphical entity; display entity**

Unité fondamentale d'information de type graphique désignable à l'écran.

V. ~ *décrire ~, envoyer ~ à [écran, imprimante], regrouper ~ en segments graphiques, visualiser ~*

espace d'affichage; surface utile — **display space; operating space**

Portion de l'espace d'appareil correspondant à la zone disponible pour l'affichage des images.

espace d'appareil — **device space**

Espace défini par l'ensemble de toutes les positions adressables d'un écran de visualisation.

Ethernet — **Ethernet**

Nom d'un réseau local.

extinction — **blanking**

Suppression de l'affichage d'un ou de plusieurs éléments graphiques.

F

fabrication — **manufacturing**

Processus de transformation de matières premières en séries d'objets industriels, au moyen de procédés mécaniques.

fabrication (suite)

V. ~ *automatiser ~, exécuter ~ sur une cellule, lancer* (en) ~*

~ Adj. *~ discrète, ~ robotisée, ~ unitaire*

~(Prép)(Art)N *~ hors-chaîne, ~ sur chaîne, ~ à très long cycle, ~ par lots, ~ [en, de] [grande*, moyenne*, petite*] série*

N(Prép)(Art)~ *automatisation* [de la ~, des processus de ~ discontinus], contraintes de ~, coût* de ~, cycle* de ~, délai* de ~, document de ~, gamme de ~, îlot* de ~, incident de ~, lancement* de ~, mise en ~ des pièces, mode* de ~, nomenclature* de ~, optimisation de la ~, ordonnancement* (fixe) des ~, ordre de ~, performance d'une ~, phase de ~, poste de ~, procédé* de ~, procédure de ~, processus* de ~, reproductibilité dans la ~, schéma d'articulation des ~, suivi* de (la) ~ (en temps réel), temps de ~*

fabrication assistée par ordinateur; fabrication informatisée; FAO — **computer-aided manufacturing; computer-assisted manufacturing; CAM**

Ensemble des techniques utilisant un ordinateur dans les processus de fabrication industrielle.

V. ~ *définir ~*

N(Prép)(Art)~ *intégration de la ~, langage de ~*

fabrication informatisée — **computer-aided manufacturing; computer-assisted manufacturing; CAM**

Voir **fabrication assistée par ordinateur**

face — **face**

Voir **facette**

facette; face — **face**

Surface délimitée par des lignes connectant au moins trois points selon un contour fermé.

~ V. *~ approcher [cylindre, forme de la surface], ~ s'appuyer sur une surface, ~ constituer la peau d'un objet, ~ se couper, ~ définir une scène, ~ inclure des points, ~ limiter* [volume, objet], ~ reposer sur une surface, ~ se superposer*

facette (suite)

V. ~ *afficher* ~ (de l'objet), approcher [cylindre, surface] par ~ planes, approximer ~ non plane par un ensemble de ~, associer* [arête, normale] à ~, classer* ~, coder ~, comparer ~, composer ~, [modèle] connaître* ~ d'un solide, connecter ~, contenir ~ dans un espace, créer ~, décomposer un objet en ~, découper ~, décrire ~ par une suite de sommets, déduire ~ d'une surface, définir* ~ par [lignes connectant une série de points, surfaces, deux côtés ou trois points, liste d'arêtes et de sommets], éliminer ~, générer ~, [opérateur] identifier ~, intégrer ~ dans le modèle géométrique, [arêtes, contours] limiter* ~, lisser ~, [modèle] mémoriser ~, modifier ~, ordonner* ~, orienter* ~, passer en revue ~, reconstituer ~, remplir ~ avec des hachures, répartir ~ en catégories, répertorier ~, spécifier [volume] par ses ~, traiter* ~ (en temps réel)*

~ Adj. *~ active, ~ analytique, ~ coplanaire, ~ disjointe*, ~ englobante, ~ gauche, ~ intersectante*, ~ inutile, ~ jointive, ~ non plane*, ~ opaque, ~ ordonnée, ~ orientée, ~ planaire, ~ plane*, ~ trouée, ~ visible*

~(Prép)(Art)N *~ de Bézier, ~ de type surfaces gauches*

N(Prép)(Art)~ *affichage de ~, construction par ~, contour d'une ~, [fichier de] description par ~, génération d'une ~, géométrie d'une ~, illumination de ~ d'objets, orientation* d'une ~, propriétés d'une ~, représentation* par ~ planes, taille d'une ~, tri géométrique des ~, union de ~*

famille — **part family**

Voir **famille de pièces**

famille de pièces; famille — **part family**

Classe de pièces présentant des analogies du point de vue fonctionnalité, dimensions et caractéristiques de fabrication.

V. ~ *affecter ~ à des groupes de machines, classer [pièces, produits] en ~, composer ~ d'entités, créer ~, définir* ~, déterminer ~ par classification, élaborer ~, grouper [pièces, produits] en ~, mettre [pièces, produits] en ~, répartir [pièces, produits] en ~*

famille de pièces (suite)

~ Adj. *~ étalée, ~ homogène*

N(Prép)(Art)~ *décomposition en ~, définition* de ~ (par paramétrisation), formation des ~, mise en ~*

FAO **computer-aided manufacturing; computer assisted manufacturing; CAM**

Voir **fabrication assistée par ordinateur**

fenêtre; fenêtre virtuelle **window**

Espace délimité dans les coordonnées virtuelles de l'usager, dans lequel l'image est composée.

NOTA La fenêtre est une portion de l'espace utilisateur, la clôture est une portion de l'espace écran.

~ V. *~ (permettre de) définir* [espace, zone de dialogue, zone graphique], ~ (permettre de) déterminer le volume de vue*

V. ~ *afficher ~, créer ~, définir* ~ par [valeurs choisies sur le plan de vue, points bas gauche et haut droit], délimiter ~, projeter ~ sur le plus grand rectangle inclus dans la clôture, projeter une partie de l'espace dans ~, remplir ~ avec [intensité, couleur], spécifier ~ dans l'écran, transposer ~ dans la clôture, visualiser ~*

~ Adj. *~ active, ~ rectangulaire, ~ remplie, ~ vide*

~(Prép)(Art)N *~ de visualisation*

N(Prép)(Art)~ *association d'une ~ à une clôture, correspondance entre ~ et clôture, déplacement de la ~ de visualisation, frontière d'une ~, gestion de ~*

fenêtre virtuelle **window**

Voir **fenêtre**

fichier neutre — **neutral exchange format**

Fichier intermédiaire standardisé dans lequel le système émetteur écrit et où le système récepteur vient lire.

V. ~ — *définir ~, écrire ~, lire ~*

N(Prép)(Art)~ — *format d'un ~*

fonction — **function**

Action exécutable par un élément, un appareil, une séquence de programme, mise en oeuvre par une commande, ou un appel programmé, ou tout autre procédé.

~ V. — *~ accomplir des tâches, ~ [miroir] affecter [cotes programmées, décalages, sens de rotation], ~ (pouvoir) cohabiter, ~ (permettre de) construire une matrice de transformation, ~ créer une primitive, ~ effectuer l'ouverture de GKS, ~ exécuter des tâches, ~ (permettre de) générer des primitives, ~ [miroir] (permettre de) réaliser des usinages symétriques, ~ utiliser* [matrice de transformation géométrique, modèle]*

V. ~ — *[ordinateur] accomplir ~, associer ~ à une primitive, assurer ~, automatiser* ~, câbler ~, [attribut] caractériser ~ de base, construire ~, créer ~ informatiques, décrire ~, définir ~, désigner ~, développer ~, évaluer ~, exécuter* ~, implanter ~, incorporer ~ dans un logiciel graphique, informatiser ~, [machine-outil à commande numérique] mettre en oeuvre des ~, [nombre] quantifier ~, réaliser ~, renommer ~, répartir ~, [ellipse, rectangle] représenter ~, valider* ~*

~ Adj. — *~ câblée*, ~ dédiée, ~ informatique, ~ micro-programmée, ~* ***modale****, ~ particulière, ~ utilisable, ~ valorisable*

~(Prép)(Art)N — *~ d'archivage, ~ d'assemblage, ~ (d)'attribut, ~ de base, ~ de calcul*, ~ de contrôle, ~ de cotation, ~ de dessin, ~ de dialogue, ~ d'éclairage, ~ d'entrée, ~ de gestion* [graphique, prévisionnelle], ~ à grande priorité, ~ identification, ~ d'illumination, ~ d'initialisation, ~ d'interpolation, ~ d'interrogation, ~ (de) miroir*, ~ de positionnement, ~ à priorité de bas niveau, ~ de sortie, ~ de stockage, ~ en temps réel, ~ de texture, ~ de transformation*

fonction (suite)

N(Prép)(Art)~ *automatisation des ~,* ***clavier de*** *~, intégration* des ~ de conception, sélection de ~ par menus déroulants, sélection de ~ sur menus prédéfinis, spécificité d'une ~, synthèse algorithmique des ~ de contrôle,* ***touche de*** *~, validation d'une ~*

fonction **function**

Entité mathématique dont la valeur, c'est-à-dire la valeur de la variable dépendante, dépend des valeurs d'une ou de plusieurs variables indépendantes, de façon qu'une valeur unique de la variable dépendante corresponde à chaque combinaison permise de valeurs des variables indépendantes.

V. ~ *[polynômes] définir ~, générer ~*

~ Adj. *~ circulaire, ~ continue, ~ différentiable, ~ discontinue, ~ douce, ~ linéaire, ~ lisse, ~ mathématique, ~ non rationnelle,* ***~ polynômiale****

~(Prép)(Art)N *~ B-spline, ~ de Bézier, ~ de degré supérieur, ~ de pondération, ~ de type conventionnel*

N(Prép)(Art)~ *approximation des ~, construction de ~ d'interpolation, continuité d'une ~, degré d'une ~, ordre de continuité d'une ~*

fonctionnalité **functionality**

Caractéristique disponible sur un système ou logiciel. Les fonctionnalités définissent toujours les possibilités d'un système.

~ V. *~ accélérer l'exécution des tâches, ~ améliorer l'exécution des tâches, ~ apparaître dans les modèles, ~ faciliter l'exécution des tâches*

V. ~ *ajouter* ~, décrire* ~ d'un système, développer ~ des commandes numériques, disposer de ~ (en standard), intégrer* [dans des terminaux intelligents, en logique câblée], mettre en oeuvre ~, modéliser ~, offrir ~, quantifier ~ du système CFAO, [utilisateur] sélectionner ~ sur un menu, vérifier ~ du système CFAO*

~ Adj. *~ complexe, ~ intelligente, ~ opérationnelle, ~ spécifique, surfacique*

~(Prép)(Art)N *~ d'assistance, de création* (géométrique) (des systèmes CFAO), ~ de détermination des caractéristiques géométriques, ~ de gestion*

fonctionnalité (suite)

[entités géométriques, plans], ~ d'habillage, ~ d'un logiciel, ~ de modélisation géométrique, ~ d'un système (de modélisation)*

N(Prép)(Art)~ *adaptation des ~ des logiciels, classe de ~, diversité de ~, établissement des ~ d'un système CAO-FAO, extension de ~, modélisation des ~, partage des ~, utilisation des ~ d'un système*

fonction polynôme **polynomial; polynomial function**

Voir **polynôme**

fonction polynomiale **polynomial; polynomial function**

Voir **polynôme**

fonction spline; spline **spline function; spline**

Fonction permettant l'interpolation d'une courbe ou d'une surface par une suite de polynômes passant par une série de points d'entrée appelés noeuds.

fréquence de rafraîchissement **refresh rate**

Nombre de fois par seconde qu'une image est produite pour assurer sa persistance.

G

gamme **planning sheet**

Voir **gamme opératoire**

gamme de fabrication **planning sheet**

Voir **gamme opératoire**

gamme d'usinage **planning sheet**

Voir **gamme opératoire**

gamme opératoire; gamme d'usinage; gamme de fabrication; gamme	**planning sheet**

Liste des opérations de fabrication d'une pièce, dont l'établissement précède celui du programme pièce.

NOTA Ce document précise comment la pièce sera fabriquée, en indiquant notamment: la chronologie des opérations, les machines, l'outillage, les montages d'usinage et les mises en position utilisés, les paramètres de coupe et le temps d'usinage.

~ V.	*~ appeler un moyen de fabrication, ~ contenir* [dessin de la pièce, données sur l'outillage, informations], ~ définir les séquences d'usinage, ~ détailler les opérations d'usinage, ~ indiquer la suite des opérations, ~ (pouvoir) proposer les prises de pièces, ~ se représenter sous la forme d'une arborescence d'actions*
V. ~	*choisir ~, classifier ~, coder ~, concevoir* ~, constituer ~, construire ~, créer* ~, décrire ~, définir* ~, dupliquer ~, écrire* ~ (sous forme modulaire et déclarative), éditer* ~, élaborer* ~, entrer ~ dans la base de données, [préparateur] établir* ~, exécuter ~, [ordinateur] extraire* ~ (de la gamme enveloppe), générer* (automatiquement) ~, [outil] gérer ~, informatiser ~, modifier ~, [système] optimiser ~, proposer ~, réaliser ~, valider ~*
~ Adj.	*~ analogue, ~ automatique, ~ complémentaire, ~ (suffisamment) fine, ~ générative, ~ homogène, ~ paramétrée, ~ performante, ~ standard, ~ succincte*
~(Prép)(Art)N	*~ enveloppe*, ~-type, ~ par variante*
N(Prép)(Art)~	*archivage* de ~, automatisation d'une ~, conception* [automatique, manuelle] de ~, création* de ~, définition des ~, édition de ~ informatisées, élaboration* d'une ~, étude de ~, exécution d'une ~, famille de ~, générateur* de ~, génération* (automatique) d'une ~, gestion des ~, homogénéité des ~, ordonnancement d'une [~, sous-~], réalisation de ~, rédaction d'une ~, routage des ~, saisie des ~, standardisation des ~*

géométrie | **geometry**

Partie des mathématiques qui se livre à l'étude des propriétés de l'espace.

V. ~ *ajuster ~ d'un objet, compléter ~ en 2D, conserver (dans une base de données) ~ des articles, créer* ~, décomposer ~ en régions, digitaliser ~ des articles, établir ~, extraire ~ du noyau de modélisation 3D, façonner (itérativement) ~ en conception, habiller ~ pour lever toute ambiguïté de lecture, modéliser* ~, modifier* (itérativement) ~ en conception, réaliser* ~ avec un logiciel de modélisation, représenter ~, transférer la ~ dans la base de données, utiliser ~ pour réaliser le plan*

~ Adj. *~ **algébrique**, ~ **analytique**, ~ associative, ~ close, ~ cohérente, ~ complexe*, ~ **descriptive**, ~ dimensionnée, ~ **élémentaire**, ~ exacte, ~ non satisfaisante, ~ **plane**, ~ précise, ~ **projective**, ~ quadratique simple, ~ réaliste, ~ satisfaisante, ~ simple, ~ tolérancée, ~ 3D, ~ **variationnelle**, ~ **vectorielle***

~(Prép)(Art)N *~ **dans l'espace***

N(Prép)(Art)~ *complexité de la ~ des pièces, création* de la ~, description mathématique de la ~ d'un objet, extraction de la ~ du modèle*

gestion de production assistée par ordinateur; GPAO | **computer-aided production management; CAPM**

Ensemble des activités de gestion de la production qui font appel aux systèmes informatiques depuis l'évaluation des besoins jusqu'à la planification et le suivi de la production.

GKS | **Graphical Kernel System; GKS**

Voir **système graphique GKS**

GPAO | **computer-aided production management; CAPM**

Voir **gestion de production assistée par ordinateur**

graphiciel; logiciel graphique | **graphics software**

Logiciel destiné à faire fonctionner un système graphique et, en outre, à permettre l'établissement d'un dialogue avec les dispositifs graphiques d'entrée-sortie.

graphiciel (suite)

~ V. *~ créer l'image, ~ (permettre d') effectuer des actions graphiques, ~ incorporer des fonctions, ~ (devoir) manipuler l'information graphique, ~ (devoir) transformer l'élément graphique*

V. ~ *développer ~*

~ Adj. *~ interactif**

~(Prép)(Art)N *~ de base, ~ de haut niveau*

I

IA **artificial intelligence; AI**

Voir **intelligence artificielle**

IGES **Initial Graphics Exchange Specification; IGES**

Norme permettant l'échange de données CFAO entre des systèmes hétérogènes, grâce à une structure «neutre» par où passent les données afin d'être rendues compatibles aux deux systèmes.

image **display image**

Collection d'éléments graphiques ou de segments présentés simultanément sur une surface d'affichage.

~ V. *~ apparaître [à, sur] l'écran, ~ clignoter*, ~ permettre une vérification de la qualité du modèle, ~ refléter la situation d'une procédure de traitement, ~ s'effacer, ~ servir à stocker les coordonnées*

V. ~ *afficher* ~, analyser ~, archiver ~, calculer* ~, [fonctions attributs] caractériser ~, coder ~ sous forme numérique, [dispositif d'affichage] conserver ~, constituer* ~, construire* ~ (ligne par ligne), convertir ~ en une série de vecteurs, créer* ~ (point par point), définir* ~, déplacer ~, dessiner ~, écrire ~ sur l'écran, [utilisateur] élaborer ~, élargir ~, entretenir ~, générer* ~, maintenir ~, manipuler* ~, lisser ~, mémoriser* ~, mettre en mémoire ~, mixer ~ avec du*

image (suite)

texte, modifier ~, obtenir ~, présenter ~, produire* ~ [en temps réel, en interpolant des points, sur un tube], projeter ~ sur la surface de l'écran, rafraîchir* ~, réaliser* ~ (en CAO), reconstruire ~, réduire ~ en taille, regénérer* ~, rehausser ~, représenter ~, soumettre ~ à une transformation, stocker* ~, tracer ~, transférer ~, transmettre ~ à l'ordinateur, visualiser* ~*

~ Adj. — *~ antialiassée, ~ bidimensionnelle, ~ «carrelée», ~ chargée*, ~ complexe, ~ continue, ~ contrastée, ~ dynamique, ~ électrostatique, ~ figurative, ~ graphique, ~ illisible, ~ informatique, ~ lisible, ~ non rémanente, ~ ombrée, ~* ***orientée objet****, ~ «raster», ~ réaliste, ~ rémanente, ~ stable, ~ statique, ~ tridimensionnelle, ~ 3D*, ~* ***vectorisée****, ~ virtuelle**

~(Prép)(Art)N — *~ CAO (d'un plan), ~ miroir [d'un objet], ~* ***en mode point****, ~ pixel, ~ point par point, ~ de projection, ~ en relief, ~ de synthèse*

N(Prép)(Art)~ — *acquisition d'~, affichage d'une ~, animation des ~, calcul d'une ~, clignotement de l'~, clôturation* de l'~, cohérence* de l'~,* ***compactage d'~****, composition d'~ graphiques, compréhension automatique de l'~, construction (interactive) d'~, continuité de l'image, coupage de l'~, création d'une ~, description numérique d'une ~ graphique, effacement de l'~,* ***entretien d'~****,* ***espace d'~****, établissement de l'~, fixation de l'~, génération* d'une ~ [en perspective, pixel par pixel], maintien de l'~ à l'écran, manipulation de l'~, mode de maintien des ~, modélisation d'~ (à des fins de visualisation), modification d'une ~, persistance d'une ~ (sur un écran), plan ~, précision des ~, production* d'~, rafraîchissement* de l'~,* ***rehaussement d'~****, relecture de l'~, représentation informatique d'une ~,* ***restauration d'~****, restitution d'~,* ***saisie d'~****, segmentation d'~, séquence d'~,* ***stockage d'~****, superposition de l'~, traitement local des ~, transfert de l'~, transport d'~, visualisation d'~*

image codée — **coded image**

Représentation d'une image sous une forme codée permettant son enregistrement en mémoire et son traitement.

image de synthèse — **computer-generated image**

Image informatique générée à partir de calculs destinés à la modélisation de l'objet à représenter.

V. ~ *créer ~, manipuler ~*

image numérique; image numérisée — **digitized image**

Image créée sur ordinateur et définie par un ensemble de points appelés pixels. À chacun de ces points correspond un nombre qui permet de coder son intensité.

image numérisée — **digitized image**

Voir **image numérique**

image réaliste — **realistic image**

Type d'image de synthèse dont l'apparence visuelle se rapproche très fortement des objets réels jusqu'à se confondre avec eux.

imprimante graphique — **graphics printer**

Dispositif graphique de sortie permettant de reproduire à la fois des textes et des dessins sur papier.

~ V. *~ fournir* [document, copie d'écran], ~ (permettre de) produire à la fois des textes et des figures, ~ (pouvoir) tracer plusieurs lignes de points*

infographie; informatique graphique — **computer graphics**

Ensemble de techniques et méthodes permettant de faire correspondre des données à leur représentation affichée et inversement, au moyen d'ordinateurs.

infographie interactive — **interactive computer graphics**

Infographie qui permet à l'utilisateur, par l'intermédiaire d'un écran graphique et d'une unité d'entrée, de contrôler directement le contenu, le format, la taille ou les couleurs d'une image affichée à l'écran.

infographie par coordonnées — **coordinate graphics**

Infographie où les images sont produites à partir de commandes d'affichage et de coordonnées.

infographie par quadrillage **raster graphics**

Infographie où une image est composée de pixels disposés en lignes et en colonnes.

information **information**

Signification attribuée à des données à l'aide des conventions s'appliquant à ces données.

~ V. *~ appartenir à la base de données projet, ~ circuler, ~ concerner un objet, ~ définir une surface, ~ entrer dans l'ordinateur, ~ (de la CFAO) intervenir à délai borné dans l'atelier, ~ sortir de l'ordinateur*

V. ~ *abandonner ~, accéder à* ~, acquérir ~, afficher* ~, ajouter ~, analyser ~, appréhender ~, archiver ~, associer ~ à un objet, calculer ~, [poste d'entrée] capter ~, coder* ~ (de commande des machines), codifier* ~ à recueillir, collecter ~, [format normalisé] (permettre de) communiquer* ~ (à l'ordinateur), [modèle fil de fer] conserver* ~, [cotation, modèle] contenir* ~, contrôler ~, créer ~, décrire ~ (attendues par le système), définir ~ à recueillir, diffuser* ~ (aux noeuds du réseau), échanger* ~, écrire ~ dans un modèle, éditer ~, envoyer* ~ [aux sous-systèmes d'acquisition des données, aux machines CN], exploiter* ~, [noeud] extraire ~, faire circuler ~, générer* ~, gérer* ~ (sous forme de chaînes de caractères alphanumériques), interchanger ~, lire ~ dans un modèle, manipuler* ~ (graphique), mettre à jour ~, mettre en oeuvre ~, modéliser ~, ordonner ~, organiser ~, perdre ~, prendre en compte ~ dans les matrices d'accès, produire ~, [noeud] reconnaître ~, reconstituer ~, recueillir* ~, rendre ~ accessible, [format normalisé] (permettre de) représenter ~, restituer ~, [système] réunir ~, sauvegarder ~ géométrique, spécifier ~, stocker* (passivement) ~, structurer ~, [direction] synthétiser ~, traduire en coordonnées ~ par [électronique associée, logiciel], traiter* ~, utiliser* ~, valider ~, [appareil électromécanique] véhiculer* ~*

~ Adj. *~ alphanumérique, ~* ***analogique****, ~ codifiable, ~ complémentaire, ~ complète, ~ documentaire, ~ extéroceptive, ~ fiable, ~ fonctionnelle, ~ géométrique*, ~ graphique*, ~ logicielle, ~ non géométrique, ~ non*

information (suite)

graphique, ~ ***numérique****, ~ proprioceptive, ~ qualitative, ~ quantitative, ~ redondante*, ~ technologique*, ~ topologique*, ~ valide, ~ volatile*

~(Prép)(Art)N — *~ de commande des machines, ~ d'habillage, ~ de structuration fonctionnelle, ~ en temps réel, ~ de type matière, ~ de type structurel**

N(Prép)(Art)~ — *acquisition* d'~ (graphiques),* ***analyse de l'~****, archivage des ~, chemin d'accès aux ~, circulation des ~, codage de l'~ de commande des machines, cohérence* de l'~, collecte d'~, communication d'~, compactage des ~, dégradation de l'~, densité d'~, échange d'~, fiabilisation des ~, flux* des ~ (de la conception à la fabrication), gestion des ~, invisibilité des ~ alphanumériques, manipulation* d'~, modélisation* des ~, modification* d'une ~,* ***perte d'~****, redondance* des ~, saisie des ~, stockage* de l'~, structuration des ~, structure des ~, traduction des ~ dans un format compatible, traitement* (numérique) de l'~, transfert* d'~ (géométriques vers la FAO), visibilité des ~ alphanumériques*

informatique graphique — **computer graphics**

Voir **infographie**

intégration — **integration**

Concept reposant sur l'indépendance des programmes du noyau CFAO et de l'application; chaque intervenant dans le processus de conception-fabrication pouvant accéder au modèle et l'enrichir. Celui-ci étant géré par la BD du noyau CFAO, qui assure l'intégrité, la cohérence et les droits d'accès.

V. ~ — *[système] approcher une certaine ~, [système] gérer ~*

~(Prép)(Art)N — *~ autour d'une base de données, ~ (de la) CFAO*

intelligence artificielle; IA — **artificial intelligence; AI**

Simulation du processus de raisonnement humain, par des automates qui s'adaptent à des situations complexes, et savent, d'une part entreprendre

intelligence artificielle (suite)

des actions à partir de mises en condition initiales, d'autre part enrichir leur potentialité par une accumulation de connaissances.

~ V.	*~ s'intéresser aux processus cognitifs*
N(Prép)(Art)~	*outil d'~, programme d'~, système d'~*

interactivité — **interactivity**

Caractérise tout ce qui se rapporte au dialogue humain-machine. Elle est constituée par l'ensemble des moyens (logiciel et matériel) permettant des actions réciproques en mode dialogué et en temps réel.

V. ~	*améliorer ~ d'un système, [algorithme] assurer ~, [technologie des postes de travail] influer sur ~*

interconnexion de systèmes ouverts; OSI — **Open System Interconnection; OSI**

Norme bâtie sur un découpage en sept couches avec définition des protocoles. Elle vise à décrire l'ensemble des entités manipulées dans les transferts, afin d'harmoniser la communication entre systèmes.

NOTA L'acronyme OSI, parfois précédé de norme, est d'emploi courant.

interface mécanique — **mechanical interface**

Élément de fixation à l'extrémité de la structure articulée adjacente au terminal ou effecteur.

interpolation — **interpolation**

Action de déterminer des points situés entre des points connus, sur une trajectoire ou une courbe correspondant à une fonction mathématique donnée telle qu'une fonction linéaire, circulaire ou de degré supérieur.

V. ~	*effectuer ~*
~ Adj.	*~ bilinéaire, ~* ***circulaire****, *~* ***hélicoïdale****, *~* ***linéaire****, *~ parabolique, ~ polynomiale*
~(Prép)(Art)N	*~ par fonction Spline, ~ de points sur la courbe modélisée, ~ en position, ~ en vitesse*
N(Prép)(Art)~	*algorithme d'~, construction de courbes par ~, fonction* d'~, opération d'~, surface d'~*

L

lancé de rayon; lancer de rayon; suivi de rayon — **ray-tracing; ray-casting**

Technique infographique permettant de tracer des rayons lumineux, à partir du point de vue réel, en passant par chaque pixel qui compose le plan de l'image jusqu'à ce que le rayon atteigne la surface de l'objet.

NOTA Cette technique permet de déterminer quelles parties d'un objet visualiser à l'écran.

~ V. — *~ consister à inverser la marche du rayon, ~ (permettre de) visualiser un modèle volumique*

N(Prép)(Art)~ — *algorithme du ~, méthode d'optimisation du ~*

lancer de rayon — **ray-tracing; ray-casting**

Voir **lancé de rayon**

langage — **programming language**

Voir **langage de programmation**

langage APT; APT — **automatically programmed tool; APT**

Langage générique pour les langages de programmation en commande numérique.

langage de haut niveau — **high-level language**

Voir **langage évolué**

langage de programmation; langage — **programming language**

Langage artificiel conçu pour la génération ou l'expression de programmes.

~ V. — *~ s'appuyer sur une bibliothèque d'éléments de base*

V. ~ — *destiner ~ à la commande numérique, étendre [syntaxiquement, sémantiquement] ~, intégrer la géométrie à ~, lier ~ à une machine, normaliser ~*

langage de programmation (suite)

~ Adj. *~ classique, ~ indépendant des matériels utilisés, ~ (de type) interprété*, ~ normalisé, ~ puissant, ~ souple d'emploi, ~ spécialisé*, ~ spécifique, ~ universel*

~(Prép)(Art)N *~ de FAO, ~ d'une machine-outil à commande numérique*

N(Prép)(Art)~ *extension d'un ~, mise en oeuvre d'un ~*

langage de programmation de haut niveau **high-level language**

Voir **langage évolué**

langage évolué; langage de haut niveau; langage de programmation de haut niveau **high-level language**

Langage de programmation dans lequel une instruction de programme correspond à une ou plusieurs instructions machine.

~ V. *~ disposer d'un mode interprète*

V. ~ *étendre ~ [par des primitives, sémantiquement, syntaxiquement], interfacer ~*

~ Adj. *~ (de type) compilé*

langage objet **object-oriented language**

Voir **langage orienté objet**

langage orienté objet; langage objet; LOO **object-oriented language**

Langage de programmation basé sur les concepts de la programmation orientée objet.

~ V. *~ manipuler des entités autonomes, ~ permettre la mise en oeuvre d'une programmation orientée objet*

N(Prép)(Art)~ *formalisme des ~*

lissage **smoothing**

En traitement numérique des images, opération d'élimination des informations parasites par rajustement des pixels selon des formules préétablies.

lissage (suite)

~ V. — *~ (permettre d') adoucir l'aspect volumétrique, ~ (permettre de) rendre les facettes imperceptibles*

V. ~ — *effectuer ~ (des intensités)*

N(Prép)(Art)~ — *mise en oeuvre d'un ~, qualité de ~, règle de ~*

lissage **smoothing**

En modélisation, définition d'une courbe approximant au mieux un ensemble de points selon un critère souvent basé sur la minimisation des écarts entre la courbe et les données initiales.

~(Prép)(Art)N — *~ de courbes, ~ de diagonales, ~ de points, ~ de relevés*

N(Prép)(Art)~ — *construction de courbes par ~*

logiciel **software**

Ensemble des programmes, procédés et règles, et éventuellement de la documentation relatifs au fonctionnement d'un ensemble de traitement de l'information.

~ V. — *~ (permettre d') analyser l'agencement des éléments de la scène, ~ (savoir) associer au concept de volume celui de la matière, ~ (devoir) calculer (les coordonnées), ~ comparer l'état réel avec l'état souhaité, ~ (pouvoir) déduire l'action envisagée, ~ émuler [écrans alphanumériques, écrans graphiques], ~ exécuter des fonctionnalités, ~ fonctionner sur, ~ générer des entités géométriques, ~ gérer* [éléments matériels, visibilité et invisibilité des informations alphanumériques], ~ inclure un programme d'analyse, ~ (devoir) intégrer [facettes, modèle], ~ (permettre d') inter-agir avec une BD, ~ (permettre de) s'interfacer à un logiciel d'analyse, ~ (devoir) mémoriser (la suite des actions), ~ (pouvoir) modéliser des surfaces, ~ (devoir) offrir des fonctionnalités (pour effectuer ces opérations), ~ présenter des solutions, ~ proposer conversationnellement des contraintes secondaires, ~ reconnaître* [adresses, concept de volume], ~ répertorier les facettes, ~ résoudre les problèmes, ~ simuler (une liste d'affichage), ~ tourner sur station*

V ~ — *construire ~, développer* ~, implanter* ~, interfacer ~, maintenir ~, mettre en oeuvre ~, réaliser ~, répartir ~ sur des machines différentes, simuler (un dispositif d'entrée) par ~*

logiciel (suite)

~ Adj. | *~ compatible, ~ complexe, ~ convivial, ~ disjoint, ~ élémentaire, ~ évolué*, ~ externe, ~ haut de gamme, ~* ***intégré****, *~ interactif*, ~ orienté objet, ~ ouvert, ~ particulier, ~ perfectionné, ~ performant*, ~ portable, ~ puissant, ~ spécialisé*, ~ standard, ~ surfacique, ~ 3D*

~(Prép)(Art)N | *~ d'aide à la programmation, ~ d'analyse, ~* ***de base****, *~ de calcul, ~* ***de commande****, ~ de conception, ~ de cotation, ~ de description, ~ de dessin assisté, ~ d'élimination de parties cachées, ~ d'émulation, ~* ***d'exploitation****, ~ de génération automatique de gammes d'usinage, ~ de graphisme GKS, ~ d'imagerie, ~ d'interface*, ~ de lissage, ~ de maillage*, ~ de modélisation*, ~ d'optimisation, ~* ***de pilotage*** *(de périphériques), ~ de préparation à la visualisation, ~ de production de plans*, ~ de rendu, ~ de simulation, ~ de suivi et de pilotage (en flux tendu), ~ 3D*, ~ d'usinage*

N(Prép)(Art)~ | *archivage des ~, chaîne de ~, compatibilité du ~ avec le réseau, complexité des ~, découpage du ~ en sous-programmes, développement de ~, environnement ~, évolution des ~, exécution d'un ~ en local, exploitation d'un ~, fonctionnalités d'un ~, gestion des ~, historique des ~, interpréteur d'un ~, mise en place de ~, outil ~*

logiciel d'application — **application software**

Ensemble des programmes nécessaires à la résolution d'un problème d'application.

~ V. | *~ s'appuyer sur les outils de modélisation*

V. ~ | *dédier ~ à des applications particulières, intégrer ~ spécifique à une technique donnée*

~ Adj. | *~ spécifique*

logiciel de CAO — **CAD software**

Cf. logiciel, CAO

~ V. | *~ (servir à) analyser les représentations des objets à concevoir, ~ (servir à) décrire les représentations des objets à concevoir, ~ générer un dessin, ~ (servir à) manipuler les représentations des objets à concevoir,*

logiciel de CAO (suite)

~ (servir à) optimiser les représentations des objets à concevoir, ~ (servir à) simuler les représentations des objets à concevoir, ~ (aider à) valider les solutions proposées par le concepteur

N(Prép)(Art)~ *implantation des ~*

logiciel de CFAO — **CAD/CAM software**

Cf. logiciel, CFAO

~ V. *~ couvrir des applications, ~ stocker les informations qu'il produit, ~ supporter des matériels*

logiciel de FAO — **CAM software**

Cf. logiciel, FAO

~ V. *~ calculer les déplacements à réaliser, ~ traduire en ordres compréhensibles (par la machine) les déplacements à réaliser*

logiciel de paramétrage — **parameterization software**

Logiciel capable de générer une représentation graphique pour tout représentant du schéma référence.

~ V. *~ créer [schéma à partir d'un autre, macro-commande], ~ détruire l'ancien schéma, ~ remplacer l'ancien schéma par un nouveau*

V. ~ *consulter ~, faire tourner ~ sur un système*

N(Prép)(Art)~ *consultation du ~*

logiciel de série; logiciel en capsule; logiciel fixe — **off-the-shelf software; canned software; packaged software; off-the-shelf program**

Programme auquel il est impossible d'apporter des modifications.

logiciel en capsule — **off-the-shelf software; canned software; packaged software; off-the-shelf program**

Voir **logiciel de série**

logiciel fixe — **off-the-shelf software; canned software; packaged software; off-the-shelf program**

Voir **logiciel de série**

logiciel graphique — **graphics software**

Voir **graphiciel**

LOO — **object-oriented language**

Voir **langage orienté objet**

M

machine-outil à commande numérique; MOCN — **numerical control machine tool; NC machine tool**

Machine-outil pouvant être programmée par des techniques de FAO pour l'usinage de pièces.

Cf. commande numérique

~ V. — *~ (devoir) mettre en oeuvre un certain nombre de fonctions*

N(Prép)(Art)~ — *configuration d'une ~, constitution d'une ~, langage d'une ~, mise en oeuvre des ~, programmation* des ~, programme de commande d'une ~, répétabilité d'une ~*

macro-langage — **macro-language**

Langage utilisé pour créer des macro-commandes. Il permet d'écrire des commandes à partir de commandes élémentaires, et de combiner l'utilisation de commandes élémentaires à l'aide de structures de contrôle du type branchement conditionnel ou boucle de répétition.

~ V. — *~ permettre d'écrire des commandes*

maillage — **mesh generation**

Opération qui consiste à découper une structure en éléments finis. Elle est utilisée dans le cadre du calcul par éléments finis ainsi que dans certaines techniques de modélisations surfacique et volumique.

maillage (suite)

V. ~ *affiner* ~ dans une zone, assembler ~, corriger ~, créer* ~ [de points, en triangles, en quadrangles, par transformations géométriques de sous-maillages, sur la développée d'une surface], définir ~ du réseau des éléments d'un objet, régulariser ~, resserrer ~ dans une zone [de charge, de concentration de contraintes]*

~ Adj. *~ assisté par ordinateur, ~ automatique, ~ élémentaire, ~ fin, ~ plan*

~(Prép)(Art)N *~ par balayage, ~ en quadrangles*

N(Prép)(Art)~ *algorithme de ~ automatique, assemblage* des ~ (des différentes régions constituant la structure), création* d'un ~ [de points, en triangles, en quadrangles, par transformations géométriques de sous-maillages], densité du ~, entité de ~, finesse* du ~, générateur de ~, intégration ~-système CFAO, logiciel* de ~, module de ~, noeud frontière du ~, optimisation du ~, phase de ~, raffinement d'un ~, région du ~, régularité du ~, report topologique du ~ (d'un volume de référence sur un volume réel)*

manche à balai **joystick**

Manette pourvue de deux degrés de liberté au moins et servant d'organe d'entrée, le plus souvent comme releveur de coordonnées ou dispositif de désignation.

~ V. *~ combiner les fonctions des roulettes graphiques, ~ comporter un troisième degré de liberté, ~ (permettre de) contrôler le déplacement du curseur, ~ fournir deux valeurs continues*

~ Adj. *~ analogique*

MAP **Manufacturing Automation Protocol; MAP**

Standard de réseau local industriel de General Motors s'appuyant sur les sept couches du modèle d'interconnexion de systèmes ouverts OSI.

V. *~ gérer [informations, commandes]*

N(Prép)(Art)~ *projet ~*

mappage — **mapping**

Passage d'un système de coordonnées à un autre.

mappage de texture; texturage — **texture mapping**

Application des caractéristiques de texture des surfaces d'un objet, modélisées en deux dimensions, au rendu tridimensionnel de cet objet.

maquette virtuelle — **model**

Voir **modèle géométrique**

matériel — **hardware**

Équipement physique utilisé pour le traitement des données, par opposition aux programmes, procédures, règles et à la documentation correspondante.

V. ~	*fédérer ~ en liaison de type réseau*
N(Prép)(Art)~	*environnement ~, intégration de ~*

mécanisation — **automation**

Voir **automatisation**

mémoire d'entretien — **refresh memory**

Voir **mémoire de rafraîchissement**

mémoire de rafraîchissement; mémoire d'entretien — **refresh memory**

Mémoire vive reliée au processeur graphique et qui contient la liste d'affichage.

~ V.	*~ contenir* [liste de vecteurs à afficher, ensemble de vecteurs à tracer]*
V. ~	*scruter ~*
N(Prép)(Art)~	*capacité de la ~*

méthode à flux tendus — **just-in-time; JIT**

Voir **méthode juste à temps**

méthode des éléments finis — **finite-element analysis; FEA**

Voir **analyse par éléments finis**

méthode juste à temps; méthode à flux tendus; méthode KANBAN — **just-in-time; JIT**

Méthode de gestion de production fondée sur une interdépendance étroite entre le client et le fournisseur, en imposant à ce dernier de ne produire que ce qui est nécessaire à la consommation à court terme du client.

NOTA KANBAN est le nom du système d'ordonnancement popularisé par Toyota.

~ V. — *~ s'appliquer aux fabrications (présentant un minimum d'homogénéité et de répétitivité)*

méthode KANBAN — **just-in-time; JIT**

Voir **méthode juste à temps**

méthode MRP — **material requirements planning; MRP**

Voir **planification des besoins en composants**

Méthodes — **process planning**

Voir **bureau des méthodes**

mise à l'échelle — **scaling**

Voir **changement d'échelle**

MOCN — **numerical control machine tool; NC machine tool**

Voir **machine-outil à commande numérique**

modèle — **model**

Voir **modèle géométrique**

modèle descriptif — **model**

Voir **modèle géométrique**

modèle géométrique; modèle; modèle descriptif; maquette virtuelle — **model**

Représentation informatique d'un objet conceptuel réalisé sur écran graphique.

~ V. — *~ associer les éléments de manière fonctionnelle, (différents) ~ cohabiter* (dans les logiciels), ~ (devoir) communiquer avec un modèle particulier, ~ comporter la modélisation mathématique, ~ connaître un objet, ~ conserver* [constructions, opérations, informations, logique de construction, ses limites], ~ constituer le support de conception, ~ contenir* [information de type géométrique, caractéristiques fonctionnelles ou technologiques], ~ correspondre à l'objet réel, ~ (permettre de) décrire les éléments graphiques, ~ (devoir) dériver d'une base, ~ (permettre d') exécuter des fonctions, ~ se fonder sur un ensemble de primitives, ~ fournir un langage, ~ (devoir) gérer* [données, vues], ~ induire les valeurs, ~ intégrer* [conditions, description géométrique de l'objet], [quelques] ~ manipuler des faces de type quadriques, ~ [B-Rep] mémoriser les faces qui constituent la peau de l'objet, ~ volumiques permettre [modélisation des objets de forme régulière, approximation des objets de forme gauche], ~ posséder un niveau de connaissances, ~ prendre en compte* (des conditions), ~ [en machine] remplacer les plans, ~ résoudre les problèmes, ~ [bidimensionnels] (permettre de) traiter* [objets, formes régulières], ~ [surfaciques] (permettre de) traiter les formes gauches*

V. ~ — *~ accéder à* ~, adapter ~, afficher ~, [F.A.O.] affiner* ~, analyser ~, appréhender ~ à travers sa visualisation, assembler ~ avec d'autres objets, associer [des caractéristiques] à ~, borner ~ par des facettes, [surfaces après usinage] coïncider avec ~, concevoir* ~ (en CAO), construire* ~ (pas à pas), créer* ~ dans [espace, mémoire de l'ordinateur], décrire (mathématiquement) ~, définir* ~, «dégénérer» ~ vers un modèle facilitant certaines actions, élaborer ~, enrichir* ~ (de propriétés), évaluer* ~, exploiter ~ (pour la fabrication de l'objet), fabriquer ~, formaliser ~ d'optimisation des performances, fractionner ~ en éléments, générer ~ dans l'ordinateur, gérer* ~, homogénéiser ~, identifier ~, intégrer ~, manipuler* ~ (dans une procédure de conception), mémoriser* ~, mettre en oeuvre* ~,*

modèle géométrique (suite)

*modifier** ~, paramétrer** ~, passer par ~, rappeler ~, [système, technicien] réaliser** ~, réévaluer** ~, remettre ~ en base de données, représenter ~ en mémoire, résoudre** ~, stocker** ~ dans la base de données, tester ~, utiliser ~, vérifier sur ~, visualiser ~*

~ Adj. — *~ ambigu, ~ bi-dimensionnel**, ~ cohérent**, ~ compatible, ~ complexe, ~ constructible, ~ 2D**, ~ 2D½, ~ empirique, ~ erroné, ~ facettisé, ~ filaire, ~ général, ~ générique, ~* ***hybride****, ~ informatique, ~ mémorisé, ~ multicontraintes, ~ non ambigu, ~ orienté objet, ~* ***paramétré*****, ~ performant**, ~* ***polygonal****, ~ procédural, ~* ***relationnel****, ~* ***solide*** *(par les frontières)**, ~ structurel, ~* ***surfacique*****, ~ technologique, ~ théorique, ~ tri(-)dimensionnel**, ~ 3D**, ~ unique, ~ volumique**

~(Prép)(Art)N — *~ d'analyse, ~* ***par arbre de construction*****, ~ de base, ~ à base de volumes, ~ de bas niveau, ~ Bézier**, ~ Bézier rationnel**, ~ par les bords, ~* ***B-Rep****, ~ B spline, ~* ***de communication****, ~ CSG**, ~ de description des surfaces, ~ à facettes planes (opaques), ~* ***fil de fer****, ~* ***de fonctionnement****, ~* ***par les frontières****, ~ de haut niveau**, ~ par historique, ~ d'illumination, ~ par les limites**, ~ de lumière, ~ en machine, ~* ***d'ombrage****, ~ d'optimisation, ~* ***de représentation par frontières****, ~ de représentation des surfaces, ~ de solides, ~ de surfaces**, ~ de synthèse, ~ de visualisation*

N(Prép)(Art)~ — *analyse d'un ~, capacité d'un ~ à [représenter l'objet, intégrer les contraintes liées à l'objet], cohabitation d'un ~, cohérence** d'un ~, comportement d'un ~, concision d'un ~, conservation [numérique, graphique] d'un ~, construction d'un ~, création** d'un ~, degré d'un ~, description** (numérique) d'un ~, dessin d'un ~, développement d'un modèle, données d'un ~, évaluation d'un ~, exécution d'un ~, formulation d'un ~, géométrie** d'un ~, graphe de construction d'un ~, incohérence d'un ~, maître-~, mise en oeuvre** d'un ~ (géométrique), modification** d'un ~, passage d'un ~ à un ~, prise en compte d'un ~ (géométrique complexe), représentation d'un ~ par les limites, revue d'un ~, rusticité d'un ~, structure du ~, test de performance sur ~, transfert d'un ~, utilisation de ~, validité** d'un ~, visualisation** d'un ~*

modèle mathématique **mathematical model**

Ensemble de relations solubles liant les variables décrivant un objet, un système ou un processus.

~ V. *~ (pouvoir) constituer la base d'un système de CAO, ~ représenter un processus*

V. ~ *analyser ~, classifier ~, créer ~, déterminer ~, développer ~, formuler ~ d'un processus physique, intégrer ~ dans des modèles par les limites, manipuler ~, mettre au point ~, modifier ~*

N(Prép)(Art)~ *création d'un ~, description d'un ~, manipulation d'un ~*

modélisation **modeling; modelling**

Décomposition et codage d'objets complexes en objets plus simples pour en faciliter le traitement par ordinateur.

~ V. *~ exister en machine, ~ (permettre de) représenter la forme d'un objet*

V. ~ *choisir ~, comparer ~, définir* ~ des informations, réaliser ~*

~ Adj. *~ **bi-dimensionnelle***, ~ **2D½**, ~ fonctionnelle*, ~ interactive, ~ mathématique*, ~ polyédrique à facettes, ~ **tri-dimensionnelle***, ~ 3D filaire, ~ 3D surfacique, ~ 3D volumique*

~(Prép)(Art)N *~ par arbre de construction, ~ par balayage, ~ par carroyage, ~ par courbes de Bézier, ~ par courbes et surfaces, ~ (des objets) par des entités 2D, ~ par les limites*, ~ par pôles, ~ des quadriques, ~ par révolution, ~ des solides, ~ par surface réglée*

N(Prép)(Art)~ *définition de la ~, logiciel de ~, mode de ~, outil de ~, primitives de ~, procédure de ~, techniques de ~*

modélisation filaire **wire-frame modeling**

Voir **modélisation fil de fer**

modélisation fil de fer; modélisation filaire **wire-frame modeling**

Modélisation géométrique qui représente les formes tridimensionnelles d'un objet au moyen d'une série de lignes délimitant sa surface.

Cf. modélisation surfacique

modélisation géométrique **geometric modeling**

Représentation d'objets réels du point de vue de leurs propriétés géométriques, et non pas fonctionnelles.

~ V. *~ assurer qu'un modèle correspond à un objet, ~ (permettre de) calculer des grandeurs géométriques, ~ (permettre de) communiquer une information, ~ (permettre de) construire le modèle, ~ (permettre de) créer une information, ~ permettre la description mathématique de la géométrie d'un objet*

V. ~ *mettre en oeuvre ~, utiliser* ~*

~(Prép)(Art)N *~ par arêtes, ~ par facettes, ~ de haut niveau*, ~ par volumes*

N(Prép)(Art)~ *fonctionnalité de ~ (d'un système de FAO)*

modélisation par éléments finis **finite element modeling**

Création, dans un système informatique, d'un modèle mathématique représentant une pièce mécanique pour l'analyse par éléments finis.

modélisation produit; conception par entités **features modeling**

Consiste à considérer le modèle non seulement du point de vue géométrique, mais également du point de vue technologique afin d'intégrer des notions liées à la fabrication.

modélisation solide; modélisation volumique **solid modeling; volume modeling**

Modélisation 3D traitant les caractéristiques matérielles d'un objet afin de représenter sa structure interne et sa forme extérieure.

Cf. modélisation surfacique

modélisation surfacique; surfaçage **surface modeling; surfacing**

Modélisation 3D permettant la représentation d'objets très complexes, et aux formes irrégulières, par l'intersection de surfaces définies dans l'espace.

NOTA Plus complexe que la modélisation filaire mais moins complexe que la modélisation solide, le surfaçage tient compte, en plus des arêtes et des sommets, de la notion de surface limite des objets.

modélisation volumique — **solid modeling; volume modeling**

Voir **modélisation solide**

motif de remplissage — **fill pattern**

Arrangement répétitif d'éléments graphiques, générant des lignes ou une couleur, qui remplit une zone délimitée.

MRP — **material requirements planning; MRP**

Voir **planification des besoins en composants**

MRP II — **manufacturing resource planning; MRP II**

Voir **planification des ressources de production**

N

nomenclature — **bill of materials; BOM**

Structure arborescente qui décrit les niveaux successifs de décomposition du produit en ses différents ensembles, sous-ensembles et pièces élémentaires.

~ V. *~ contenir les informations générées par la CFAO, ~ (permettre de) déterminer [matériaux, pièces], ~ donner la composition du produit achevé, ~ dresser la liste des éléments (d'un produit), ~ servir de base à l'édition d'autres documents*

V. ~ *créer ~ à partir d'un modèle, définir ~, dégager dans ~ des familles de produits, éditer ~, élaborer* ~, enregistrer ~, [composant] exister en ~, exploiter ~ en tant que fichier autonome, générer automatiquement ~, gérer* ~, mettre à jour ~, parcourir ~, reconstituer ~, référencer (des entités géométriques) dans ~, tenir à jour ~, traiter ~ dans un système de CAO*

~ Adj. *~ arborescente, ~ ascendante, ~ descendante*

nomenclature (suite)

~(Prép)(Art)N — *~ d'approvisionnement, ~ des cas d'emploi, ~ de décomposition, ~ d'étude, ~ de fabrication*, ~ des produits, ~ des utilisations*

N(Prép)(Art)~ — *éclatement des ~, édition de ~, élaboration* des ~, entretien des ~, établissement* de ~, extraction de ~, gestion* des ~, mise à jour des ~, présentation ascendante des ~, présentation descendante des ~, réalisation d'une ~, trame des ~*

norme graphique GKS — **Graphical Kernel System; GKS**

Voir **système graphique GKS**

norme PHIGS — **Programmer Hierarchical Interactive Graphics System; PHIGS**

Voir **système infographique PHIGS**

numérisation; digitalisation; discrétisation — **digitization**

Transformation d'une donnée (une image, un plan) en un nombre, afin de la traiter ou de la stocker dans un ordinateur.

~ V. — *~ faire perdre de l'information*

V. ~ — *effectuer ~ des courbes frontières*

~ Adj. — *~ 3D**

~(Prép)(Art)N — *~ des surfaces*

numériseur graphique; table à numériser; tablette à numériser — **graphics digitizer**

Dispositif permettant la conversion de données graphiques en données numériques.

NURBS — **nonuniform rational B-spline; NURBS**

Voir **B-spline rationnelle non uniforme**

O

objet **object**

Composant de base constitué de un ou de plusieurs éléments géométriques traité comme une entité qu'on peut manipuler ou repérer.

~ V. *~ répondre à des contraintes*

V. ~ *afficher* ~ (sur un plan), analyser ~, [opérateur] appeler ~ primitif, [opérateur] appréhender ~, approcher ~, approximer ~ par des surfaces d'interpolation, calculer ~, coder ~, codifier ~ dans la base de données, [opérateur] composer* ~ par opérations booléennes, concevoir* ~ [d'une manière ascendante, d'une manière descendante], [système] connaître* ~ [par ses sommets et les arêtes, par ses limites], construire* ~ (à partir d'une liste de paramètres), coter ~, créer* ~, déclasser ~, décomposer ~ sous forme de facettes planes, décrire* ~ par [équations, polygones, programmes], définir* ~ [à partir d'un certain nombre d'objets primitifs et d'opérations booléennes, par polygones, par des surfaces gauches], désigner ~, dessiner ~, déterminer ~ par [calculs, dessins], dupliquer ~, effacer* ~, engendrer* ~, englober ~ élémentaires dans des polyèdres convexes, évaluer ~ par l'opération booléenne, exploiter ~ par un programme, facettiser ~, hachurer ~, interpréter ~, manipuler* ~ (de façon interactive), [système] mémoriser* ~, modéliser* ~ [par des entités 2D, en trois dimensions], modifier* ~, numériser* ~ (dans l'espace), organiser ~ de manière hiérarchique, paramétrer* ~ [en 2D, en 3D], parcourir ~, (faire) pivoter ~ autour d'un point arbitraire, pointer ~, prédéfinir ~, projeter ~ sur un plan de projection, raisonner sur ~, ranger ~, rappeler ~, [directeur de commande numérique] réaliser* ~ géométrique, reclasser ~, [opérateur] reconstituer ~, renommer ~, représenter* ~ [en demi-teinte, par des entités physiques, par facettes, sous forme filaire, en machine, mathématiquement, en modélisation géométrique, par une structure de données, au trait], sauvegarder ~, simuler ~ transparent ou miroir, soumettre ~ à des calculs, transférer ~, transformer ~, visualiser* ~ en trois dimensions*

objet (suite)

~ Adj. *~ bidimensionnel*, ~ cohérent*, ~ complet, ~ complexe*, ~ composé, ~ concave, ~ convexe, ~ courant, ~ élémentaire, ~ final*, ~ géométrique*, ~ graphique*, ~ inachevé, ~ incohérent, ~ incomplet, ~ industriel*, ~ intermédiaire*, ~ miroir, ~ modélisable, ~ modélisé*, ~ non cohérent, ~ non-transparent, ~ occulté (par un autre objet), ~ paramétrable, ~ paramétré*, ~ précis, ~ primaire, ~ primitif (paramétrable), ~ provisoire, ~ secondaire, ~ simple, ~ technique, ~ transparent*, ~ tridimensionnel*, ~ typé, ~ valide*, ~ virtuel*

~(Prép)(Art)N *~ d'apport, ~ de base*, ~ CAO, ~ à facettes (planes), ~ de révolution, ~ de structure incohérente*

N(Prép)(Art)~ *affichage d'un ~ (en cours de conception), animation d'un ~, cahier des charges d'un ~, caractérisation* d'un ~, codification* (informatique) d'un ~ (en base de données), cohérence d'un ~ primitif, comportement physique d'un ~, conception d'un ~, connexité d'un ~, consultation d'un ~, coordonnées d'un ~, création* d'~, définition [géométrique, surfacique] d'un ~, degré de symétrie d'un ~, déplacement d'~, descriptif de l'~ à réaliser, description [géométrique, topologique] d'un ~, désignation d'un ~ graphique, englobant d'un ~, enveloppe d'un ~,* **espace** *~, fonctionnalité d'un ~, frontières* d'un ~ (modélisé), génération* d'un ~ (dans l'espace), géométrie* d'un ~, historique de création d'un ~, image miroir d'un ~, intersection* [de deux ~, d'un ~ avec une droite en provenance de l'observateur], manipulation* d'un ~, matérialisation de la frontière d'un ~, modélisation d'un ~ par des entités 2D, modification* d'un ~, ombrage d'un ~, orientation d'un ~, paramètres d'un ~, peau d'un ~, points d'un ~, réalisation d'un ~, répétitivité d'un ~, représentant d'un ~, représentation* [graphique, logique, perspective] d'un ~, révision d'un ~, rotation d'un ~, structuration d'un ~, structure d'un ~ CAO, topologie d'un ~, translation d'un ~, validité d'un ~, vision d'un ~ en plan, visualisation* d'un ~*

ombrage **shading**

Technique de représentation d'un objet basée sur le calcul de l'intensité lumineuse en chaque point de sa surface, et sur la détermination de la position des sources de lumière projetées sur cet objet.

ombrage (suite)

~ Adj. *~ **lisse***

~(Prép)(Art)N *~ **Gouraud**, ~ **Phong**, ~ **polyédrique***

N(Prép)(Art)~ *calcul* d'~ (d'une surface gauche), **modèle d'~***

opération booléenne **Boolean operation**

Opération mathématique de type union, intersection et différence — basée sur la théorie ensembliste — utilisée dans le cadre de la modélisation solide.

V. ~ *effectuer ~ sur les solides approchés, représenter ~ par un arbre de construction, utiliser* ~ en modélisation solide*

N(Prép)(Art)~ *exécution des ~*

ordinateur **computer**

Unité fonctionnelle programmable se composant d'une ou de plusieurs unités centrales associées et de périphériques, qui est commandée par des programmes rangés en mémoire interne et qui est capable d'effectuer des calculs importants, comportant de nombreuses opérations arithmétiques ou des opérations logiques, sans intervention humaine en cours d'exécution.

~ V. *~ accomplir des fonctions, ~ (permettre de, servir à) afficher* [images d'un modèle, données], ~ appliquer les variables au processus, ~ assigner une tâche (au sous-système de production], ~ assurer* [distribution des données, suivi des opérations en temps réel], ~ calculer* [ordres de fabrication, variables d'entrée, valeurs], ~ commander* [dispositifs de contrôle, opérations], ~ communiquer* [commandes, données, instructions], ~ communiquer avec l'utilisateur, ~ compiler, ~ (permettre de) conserver* un modèle mathématique dans des fichiers de données, ~ construire une représentation graphique, ~ contenir en mémoire le programme, ~ contrôler* [opérations, périphériques], ~ convertir en numérique les créations du concepteur, ~ (servir à) créer des données, ~ définir les opérations, ~ dérouler les calculs, ~ dessiner la trajectoire de l'outil, ~ effectuer les tâches, ~ enregistrer les données, ~ exécuter* [calculs, fonctions de gestion], ~ garder en mémoire [mouvements de l'outil, instructions, tâche], ~ exploiter le processus, ~ fonctionner en temps partagé, ~ gérer les bases de données, ~ interpréter* [instructions, code binaire], ~ interrompre son*

ordinateur (suite)

	programme, ~ intervenir sur des circuits, ~ jouer un rôle fondamental en CAO, ~ maîtriser [ordonnancement, flux des pièces], ~ manier des données, ~ manipuler des objets, ~ mettre en mémoire les créations du concepteur, ~ observer [traitement des opérations, équipement annexe], ~ permettre l'accès aux utilisateurs, ~ planifier les ordres de fabrication, ~ se prêter à une application, ~ rassembler les données, ~ recevoir des informations, ~ remplir [fonctions, tâches], ~ répondre aux événements, ~ résoudre des problèmes*, ~ servir le processus, ~ signaler à l'opérateur le besoin d'une action corrective, ~ simuler les fonctions, ~ traduire des commandes en un modèle mathématique, ~ traiter* [structures mathématiques, données], ~ (servir à) transformer des données, ~ transmettre* [commandes, messages], ~ travailler en temps réel, ~ vérifier la position*
V. ~	*avoir accès à ~ (au moyen de périphériques), alimenter ~, brancher ~ sur le processus de fabrication, communiquer à* ~ [données, renseignements], connecter ~ au réseau, donner des commandes à ~, implanter* ~, introduire des données en ~, ordonner à ~ d'accepter les données, programmer* ~, proposer des données à ~, relier ~ aux opérations de production, représenter en ~ des formes en trois dimensions, solliciter ~*
~ Adj.	*~ **central***, ~ graphique, ~ numérique*
~(Prép)(Art)N	*~ d'atelier, ~ de contrôle* (de processus industriels), ~ de pilotage**
N(Prép)(Art)~	*assistance de l'~, capacité de mémorisation des ~, connexion d'un ~ au réseau, exploitation des ~, fonctionnement d'un ~, mise en oeuvre d'un ~, parc des ~, utilisation d'un ~*

ordonnancement **scheduling**

Technique de planification et de contrôle de la production dont le but est de permettre la réalisation du programme de production selon les délais établis au coût minimal, et dont les traits caractéristiques sont la distribution du travail, l'évaluation des délais, l'analyse des temps d'attente et la gestion de l'outillage et des stocks.

~ V.	*~ connaître les ordres lancés*
V. ~	*choisir ~, définir ~, essayer ~, [règles] gouverner ~*

ordonnancement (suite)

~ Adj.	*~ assisté par ordinateur, ~ dynamique, ~ informatisé, ~ multiconvergent, ~ optimal*
~(Prép)(Art)N	*~ à buts multiples, ~ par dates croissantes, ~ par valeurs croissantes des marges libres*
N(Prép)(Art)~	*l'art de l'~, coefficient d'~, fonction* ~, méthode d'~ (de production), rebouclage sur l'~, technique d'~*

organe effecteur — **end-effector**

Voir **organe terminal**

organe terminal; terminal; effecteur; organe effecteur — **end-effector**

Dispositif spécifiquement conçu pour être fixé à l'interface mécanique permettant au robot d'accomplir sa tâche.

NOTA L'ISO déconseille l'emploi du terme effecteur, et passe sous silence la variante organe effecteur. L'Association canadienne de normalisation, par contre, reconnaît l'usage de ces deux termes, alors qu'elle ne mentionne ni terminal ni organe terminal.

~ V.	*~ (devoir) accéder à n'importe quel point d'un milieu fermé*
V. ~	*orienter ~ par rapport au point de référence du porteur, positionner ~*
N(Prép)(Art)~	*orientation de ~, précision angulaire de l'~*

OSI — **Open System Interconnection; OSI**

Voir **interconnexion de systèmes ouverts**

P

paramétrage; paramétrisation — **parameterization**

Technique de construction automatique d'objets à partir d'un modèle de base dont il suffit de modifier certains paramètres.

paramétrage (suite)

V. ~	*définir ~*
~ Adj.	*~ **interactif***, ~ linéaire, ~ proportionnel, ~ uniforme*
~(Prép)(Art)N	*~ par programme, ~ par structuration des informations, ~ en 3 dimensions*
N(Prép)(Art)~	*construction (d'objets) par ~, définition* d'une famille de pièces) par ~, développement de la ~, haut degré de ~, incohérence de ~, mode ~, procédures de ~, technique de ~*

paramètre **parameter**

Quantité indéterminée dont chaque valeur possible conduit à une solution différente.

~ V.	*~ caractériser une pièce, ~ concourir au coût, ~ décrire les pièces composant l'assemblage, ~ définir* [objet, famille], ~ déterminer la position*, ~ dévier par rapport à des valeurs, ~ donner la position, ~ indiquer la position, ~ fluctuer, ~ intervenir, ~ respecter des conditions, ~ (permettre de) spécifier les données, ~ varier en fonction du temps*
V. ~	*affecter de nouvelles valeurs à* ~, affecter ~ à un point, augmenter ~ de précision, calculer* ~, contrôler ~, déclarer ~, déduire ~, définir* ~, détailler ~, déterminer* ~, enregistrer ~, estimer ~, gérer ~, identifier ~, introduire ~, liaisonner (les éléments de l'esquisse) à ~, lier ~ aux caractéristiques topologiques d'une surface, mémoriser ~, modifier* ~, passer en revue ~, placer ~ en format libre, [système] prendre en compte* ~, remplacer (les valeurs numériques) par ~, réviser ~, standardiser ~, stocker ~ dans la base de données, surveiller ~, tenir compte de ~, (faire) varier* ~*
~ Adj.	*~ cohérent en valeurs, ~ décisionnel, ~ descripteur, ~ dimensionnel, ~ général, ~ géométrique*, ~ incohérent en valeurs, ~ incompatible, ~ interne, ~ local, ~ logique, ~ physique, ~ technologique*, ~ topologique, ~ valide*
~(Prép)(Art)N	*~ d'affectation, ~ de calcul, ~ de commande, ~ de coupe, ~ de définition (d'un objet), ~ de fonctionnement, ~ de positionnement, ~ de précision, ~ de représentation, ~ d'usinage*, ~ de visibilité, ~ de visualisation*

paramètre (suite)

N(Prép)(Art)~ *affectation des ~, déclaration des ~, définition des ~ de l'objet, gestion de ~, incohérence des ~ en valeurs, introduction des ~, modification de ~, multiplicité des ~, permutation des ~, programme ~, transfert de ~, valeurs* de ~*

paramétrisation **parameterization**

Voir **paramétrage**

pavé **brick**

Ensemble de pixels formant un carré.

~ V. *~ contenir [liste de numéros d'objets, pixels]*

V. ~ *[programme] balayer ~ par ~, découper [surface de projection] en ~, [contour de la projection] passer par les ~, projeter les polyèdres dans chaque ~ de la grille, travailler avec ~*

~ Adj. *~ régulier*

N(Prép)(Art)~ *partition de l'écran en ~*

PBC **material requirements planning; MRP**

Voir **planification des besoins en composants**

phénomène d'escalier **aliasing**

Voir **crénelage**

PHIGS **Programmer Hierarchical Interactive Graphics System; PHIGS**

Voir **système infographique PHIGS**

photostyle; pointeur optique; crayon photosensible; crayon optique **light(-)pen**

Dispositif de désignation photosensible que l'on utilise en le pointant vers la surface d'affichage.

photostyle (suite)

~ V. — *~ (permettre d') aller chercher [composante du dessin, commande de menu], ~ capter les impulsions lumineuses de rafraîchissement, ~ convertir le signal lumineux en pulsion électrique, ~ créer* [interruption, point sur l'écran], ~ (servir à) désigner [entités visualisées, point de l'écran], ~ détecter* [signal lumineux, lumière], ~ introduire des données graphiques, ~ (permettre de) pointer directement sur l'écran, ~ provoquer une interruption à laquelle est associée le couple de coordonnées*

V. ~ — *approcher ~ de la commande, déplacer ~ sur l'écran, désigner à l'aide d'un ~, employer ~, utiliser ~ pour donner un point de départ*

~(Prép)(Art)N — *~ à contact axial*

N(Prép)(Art)~ — *position du ~*

pixel; élément d'image — **picture element; pixel; PEL**

Le plus petit élément d'une surface d'affichage auquel on puisse affecter des attributs tels que couleur et intensité.

~ V. — *~ correspondre aux parties adressables de l'espace d'affichage, ~ occuper une surface définie, ~ représenter une unité d'affichage*

V. ~ — *adresser ~, affecter une couleur à ~, afficher* ~, allumer* ~, associer ~ à un point, associer un code couleur à un ~, calculer ~, caractériser ~ par [couleur, valeur de gris], coder ~, colorer ~, désigner ~, dessiner ~, déterminer ~, [capteur] discerner ~, écrire ~, effacer ~, enregistrer ~ dans la mémoire, éteindre ~, faire passer une droite par ~ de l'écran, inverser ~, mesurer ~, mettre ~ à la bonne valeur de couleur ou d'intensité, modifier* ~, numériser ~, parcourir ~, positionner ~, recouvrir ~, relever ~, repérer ~, situer ~, stocker* ~, [rayon] traverser ~*

~ Adj. — *~ actif, ~ adressable, ~ visualisable*

~(Prép)(Art)N — *~ d'un plan mémoire*

pixel (suite)

N(Prép)(Art)~ *affichage d'un ~, colonne de ~, consultation d'un ~, état d'un ~, finesse des ~ affichés, intensité des ~, matrice de ~, mise à jour de ~, modification d'un ~, nombre de bits par ~, position de ~ des coordonnées de l'écran, profondeur d'un ~, répartition des ~, tableau de ~, translation d'un ~*

plan — **drawing**

Voir **dessin**

plan de vue — **view plane**

En transformation visuelle, plan sur lequel un objet tridimensionnel est projeté pour être représenté en deux dimensions.

V. ~ *créer ~, établir ~*

N(Prép)(Art)~ *création d'un ~*

planification des besoins en composants; planification des besoins en matières; planification des matériaux nécessaires; MRP; méthode MRP; PBC — **material requirements planning; MRP**

Méthode de gestion synchronisée des stocks de fabrication, ces stocks et les besoins associés étant liés par les nomenclatures de produits.

~ V. *~ fournir les plans de charge, ~ rassembler les articles à usage courant, ~ recouvrir le système de gestion de la production, ~ (devoir) traiter les données du programme principal, ~ transformer le programme principal de production*

N(Prép)(Art)~ *fonctionnement de la ~, méthode ~*

planification des besoins en matières — **material requirements planning; MRP**

Voir **planification des besoins en composants**

planification des matériaux nécessaires — **material requirements planning; MRP**

Voir **planification des besoins en composants**

planification des ressources de production; MRP II — **manufacturing resource planning; MRP II**

Mise en oeuvre de plans de gestion pour évaluer et prévoir la demande de chaque élément du processus de fabrication à un moment donné.

poignet — **wrist**

Ensemble d'articulations motorisées et interconnectées, situé entre le bras et le terminal, qui porte, positionne et oriente ce dernier.

~ V.	*~ orienter le terminal, ~ porter le terminal, ~ positionner le terminal*
V. ~	*[bras] orienter ~, [bras] porter ~, [bras] positionner ~*
~ Adj.	*~ compliant, ~ souple*
N(Prép)(Art)~	*architecture d'un ~, axes du ~, complaisance du ~, mécanique du ~*

point — **point; vertex**

Position 3D précise dans l'espace définie selon un repère cartésien spécifié en coordonnées absolues.

~ V.	*~ définir la densité du maillage, ~ représenter une position*
V. ~	*afficher ~, connaître ~ par ses coordonnées [dans un plan, dans l'espace], construire ~ en référence à une courbe, consulter ~, convertir ~ de l'espace en coordonnées homogènes, créer* ~ [sur l'écran, à mailler sur les contours], définir ~ par ses coordonnées cartésiennes, mailler ~ sur les contours, projeter ~, rechercher ~ par intersection d'une courbe, représenter ~ en coordonnées homogènes, sélectionner ~ (de départ), spécifier ~ par ses coordonnées, transformer ~ en coordonnées écran*
~ Adj.	*~ paramétré*
N(Prép)(Art)~	*altitude d'un ~, capacité d'adressage de x ~, coordonnées* d'un ~, découpage de ~, désignation de ~ dans un dessin, lissage* de ~, localisation des ~ d'un objet, matrice de ~, paramétrage (d'un réseau) de ~, production d'un ~, translation d'un ~*

point de contrôle **control point**

Point par lequel passe une courbe ou qui permet de contrôler la forme de la courbe.

~ V. *~ appartenir à une courbe ou à une surface, ~ attirer une courbe ou une surface, ~ avoir une influence sur l'ensemble ou sur une partie du carreau, ~ former un polyèdre, ~ générer une parabole, ~ guider [courbe, surface], ~ influencer une courbe*

V. ~ *affecter un coefficient à ~, appliquer une transformation affine sur ~, déplacer* * *~, déterminer ~, disposer ~ adjacent au point de jonction, représenter les ~ selon une grille rectangulaire, spécifier ~, utiliser ~ aux limites joignant deux surfaces*

~ Adj. *~ normalisé*

N(Prép)(Art)~ *déplacement d'un ~, influence d'un ~, matrice de ~, modification d'un ~, réseau de ~*

pointeur **pointer**

Symbole, affiché sur un écran, qu'un utilisateur peut déplacer à l'aide d'un dispositif de pointage tel qu'une souris, pour sélectionner un article.

~ V. *~ gérer la liste des sommets*

N(Prép)(Art)~ *indirection (inhérente) au ~*

pointeur optique **light pen; light-pen**

Voir **photostyle**

polygone **polygon**

Suite finie (M_1, M_2, ..., M_n) de points distincts d'un plan affine réel, où $n \geq 3$, telle que trois points consécutifs de la suite (M_1, M_2, ..., M_n, M_1) ne soient pas alignés.

~ V. *~ circonscrire une courbe, ~ constituer les facettes du modèle, ~ (pouvoir) dégénérer en plusieurs morceaux*

V. ~ *afficher ~, associer ~ à une courbe de Bézier, balayer ~ par des lignes horizontales, calculer ~, construire ~, découper ~ par une clôture [concave, convexe],*

polygone (suite)

décrire ~ par une suite ordonnée de sommets, définir ~, définir (un objet) par ~, déterminer ~ résultant, [fonction] générer ~, [fonction] hachurer ~, parcourir ~ (suivant un certains sens), remplir ~, [lignes de balayage] traverser ~*

~ Adj. — *~ caractéristique*, ~ concave*, ~ contenu, ~ convexe*, ~ disjoint*, ~ englobant*, ~ fermé, ~ intersectant*, ~ non simple*, ~ ouvert, ~ plan, ~ résultant, ~ sécant*

~(Prép)(Art)N — *~ de contrôle d'une courbe, ~ d'intersection*

N(Prép)(Art)~ — *arête* d'un ~, contour d'un ~, découpage* de ~, détermination d'un ~ de contrôle, génération de ~ remplis, histoire d'un ~, intensité d'un ~,* ***maille de*** *~, sommet d'un ~, test de recouvrement de ~, tri de ~, visualisation d'un ~ caractéristique*

polynôme; fonction polynomiale; fonction polynôme — **polynomial; polynomial function**

Au sens large, expression mathématique permettant la représentation de courbes et de surfaces.

V. ~ — *approcher ~, écrire* ~, évaluer ~ (en fonction d'une variable), interpoler ~, modéliser ~, représenter [surface] par une suite de ~*

~(Prép)(Art)N — *~ de base, ~ de degré x, ~ par intervalles, ~ d'ordre élevé*

N(Prép)(Art)~ — *coefficient* d'un ~, degré* d'un ~, dérivée première d'un ~, ordre d'un ~, oscillation d'un ~, segment de ~, sommet d'un ~, suite de ~*

POO — **object-oriented programming**

Voir **programmation orientée objet**

position adressable — **addressable point**

Tout point d'un espace d'appareil pouvant être déterminé par des coordonnées.

poste de travail; station de travail — **workstation**

Ensemble intégré des outils de dialogue, de traitement, de stockage et d'affichage qu'un ingénieur-concepteur utilise pour modéliser ou analyser un produit.

~ V.	*~ disposer de micro-processeurs, ~ graviter autour d'un serveur, ~ regrouper les dispositifs permettant de créer les objets, ~ supporter des applications multifenêtres*
V. ~	*activer ~, connecter* ~ [par un réseau local, à travers un réseau, à un même processeur], dédier ~ à la conception, définir ~, désactiver ~, doter ~ d'un écran alphanumérique, équiper ~ d'un écran, fermer ~, gérer ~, ouvrir ~, relier* ~ à [réseau, base de données]*
~ Adj.	*~ autonome, ~ connectable (à un réseau d'ordinateurs hétérogènes), ~ dédié*, ~ 2D, ~ indépendant, ~ intégré, ~ intelligent*, ~ interactif, ~ 3D*
~(Prép)(Art)N	*~ de calcul, ~ de CAO, ~ de CFAO, ~ de conception, ~ de consultation, ~ de dessin, ~ avec des fonctions câblées, ~ avec des fonctions micro-programmées, ~ de préparation de gammes*
N(Prép)(Art)~	*architecture* des ~, clôture de la ~, cohérence du ~, fenêtre de la ~, grappe de ~, implantation des ~, mise en oeuvre d'une ~, organisation des ~, performance d'un ~, puissance de traitement d'une ~, transformation de la ~*

poste graphique — **graphics terminal**

Voir **terminal graphique**

postprocesseur — **postprocessor**

Ensemble des opérations informatiques nécessaires au post-traitement des données obtenues d'un logiciel d'application.

postprocesseur — **postprocessor; postedit program**

Voir **programme d'adaptation**

préhenseur — **gripper**

Terminal conçu pour la saisie et la tenue.

préprocesseur — **preprocessor; preprocessing program**

Voir **programme de prétraitement**

primitive géométrique — **geometric primitive**

Forme ou élément géométrique simple servant de pièce élémentaire pour la construction d'objets complexes par opérations booléennes.

V. ~	*décrire ~ dans le plan, facétiser ~*
~ Adj.	*~ facétisée, ~ paramétrée*
~(Prép)(Art)N	*~ d'interpolation*
N(Prép)(Art)~	*degré de facétisation des ~, description de ~ dans le plan, mise dans le repère de l'oeil de chaque ~ de l'arbre de construction*

primitive graphique — **output primitive; display element; graphic primitive**

Voir **élément graphique**

production — **production**

Processus de transformation de la matière première en objet fini, par l'intermédiaire de travail, de machines, d'outils et d'énergie.

V. ~	*automatiser* ~, engager (une machine) en ~, [contraintes, goulots] entraver ~, gérer ~, mettre (des pièces) en ~, organiser* ~ (en îlots de fabrication), réguler ~, réorganiser ~ en îlots de fabrication*
~ Adj.	*~ orientée moyens, ~ unitaire*
~(Prép)(Art)N	*~ à cadence moyenne, ~ à la demande, ~ à (très) haute cadence, ~ de haut niveau, ~ par lots ~ de masse, ~ de moyenne série*, ~ de petite série, ~ de type continu, ~ de type discontinu*
N(Prép)(Art)~	*activités de ~, automatisation* [de la ~, des moyens flexibles de ~], cadence de ~, capacité de ~, contrôle* (du processus) de ~, déroulement de la ~, flux de ~, fonction ~, gestion* de la ~, lancement en ~, moyens* de ~, ordonnancement* de la ~, organisation de la ~, outil de ~, plan de ~, prévision de ~, processus de ~, programme de ~, rafale de ~ d'une même pièce, structures opérationnelles de ~, suivi* de (la) ~, système* de ~, tâche de ~, temps* de ~, unité* de ~*

progiciel — **package; software package; program package**

Ensemble de programmes apparentés conçu pour être fourni à plusieurs utilisateurs en vue d'une même application.

V. ~	*connaître ~, élaborer ~, inclure ~ avec les interfaces*
~ Adj.	*~ performant*
~(Prép)(Art)N	*~ de CAO*
N(Prép)(Art)~	*constitution d'un ~*

progiciel graphique — **graphics package**

Ensemble de programmes graphiques destiné au traitement des images et des dessins et offrant des fonctions graphiques.

programmation — **programming**

Ensemble des travaux de conception, d'écriture et de mise au point des programmes.

~ V.	*~ (consister à) décrire les opérations dans un langage codé*
V. ~	*masquer ~ à l'aide de gestes graphiques, réaliser ~*
~ Adj.	*~ **absolue**, ~ **assistée* (par ordinateur)**, ~ **automatique**, ~ **dynamique**, ~ graphique*, ~ hors ligne, ~ **interactive**, ~ **linéaire***, ~ linéaire en nombres entiers, ~ manuelle* (assistée), ~ **mathématique**, ~ non linéaire, ~ paramétrée*, ~ **relative**, ~ **structurée*** (textuelle)*
~(Prép)(Art)N	*~ par apprentissage indirect, ~ en commande numérique, ~ à format variable et à adresse, ~ de niveau objet, ~ de niveau objectif, ~ par primitives de mouvement, ~ en «temps masqué»*
N(Prép)(Art)~	*aides à la ~, erreur de ~, ligne de ~, logiciel d'aide à la ~, niveaux de ~, primitive de ~, syntaxe de la ~, temps de ~ des machines-outils*

programmation analytique; programmation analytique de trajectoire — **explicit programming; explicit path programming**

Méthode de programmation dans laquelle les poses du terminal ou la trajectoire désirée sont définies analytiquement.

NOTA L'ISO déconseille l'emploi du vocable «programmation hors ligne» pour désigner cette notion.

programmation analytique de trajectoire — **explicit programming; explicit path programming**

Voir **programmation analytique**

programmation en ligne

Cf. NOTA de programmation par apprentissage

programmation hors ligne

Cf. NOTA de programmation analytique et de programmation par définition de l'objectif

programmation orientée objet; POO — **object-oriented programming**

Programmation permettant de structurer les programmes sous la forme de classes organisées hiérarchiquement et décrivant les données et les opérations portant sur des objets qui peuvent interagir avec d'autres objets.

N(Prép)(Art)~ *mise en oeuvre d'une ~*

programmation par apprentissage — **teach programming**

Programmation obtenue en faisant effectuer au robot les mouvements désirés : — soit par conduite manuelle du terminal, — soit par conduite manuelle d'un dispositif mécanique de simulation, — soit au moyen d'un pupitre d'apprentissage.

NOTA L'ISO déconseille l'emploi du vocable «programmation en ligne» pour désigner cette notion.

programmation par définition de l'objectif — **goal-directed programming**

Méthode de programmation dans laquelle la tâche à exécuter est définie mais où la trajectoire du terminal n'est pas imposée a priori.

NOTA L'ISO déconseille l'emploi du vocable «programmation hors ligne» pour désigner cette notion.

programmation par famille de pièces — **family-of-parts programming**

Dans un système de CFAO, méthode de création de nouvelles pièces consistant à apporter de légères modifications dans la conception de pièces existantes, ou à utiliser des pièces, des sous-ensembles ou des structures déjà existants et identiques.

programme; programme d'ordinateur — **program; computer program; software program**

Suite ordonnée d'instructions destinées à être traitées par un ordinateur.

~ V. — *~ balayer pavé par pavé, ~ calculer, ~ (permettre de) concevoir un produit, ~ créer un arbre de construction simplifié, ~ (permettre de) décrire un produit, ~ (permettre de) définir un produit, ~ s'échanger [données, résultats], ~ engendrer les noeuds sur la surface intérieure au domaine, ~ établir les relations entre les entités, ~ exécuter une tâche, ~ exploiter une base de données, ~ extraire les caractéristiques et la structure d'objets conçus, ~ (utilisateur) faire appel à [fonctions, sous-programmes], ~ gérer* [commandes, bibliothèque], ~ insérer des entités, ~ manipuler les caractéristiques et la structure d'objets conçus, ~ mémoriser les caractéristiques et la structure d'objets conçus, ~ mettre à jour la liste des objets courants, ~ piloter les machines-outils, ~ (être capable de) planifier des tâches, ~ résoudre des problèmes, ~ travailler sur une BD*

V. ~ — *accéder par ~ à toutes les commandes manuelles du système, agir sur ~, chaîner ~ avec la CAO, charger ~, concevoir ~, convertir* ~ [en langage machine, en ordres], créer* ~, définir ~ en langage standard, dérouler* ~, développer* ~ (de calculs scientifiques), documenter ~, écrire* ~, éditer ~, élaborer* ~, enchaîner* ~, entrer ~ en mémoire, étendre ~ (en fonction des évolutions des moyens de production), exécuter* ~, exploiter* ~, formuler ~ en langage*

programme (suite)

*assembleur, générer** le ~ de commande, implanter ~, [opérateur] influer sur ~, injecter ~ au directeur de commande numérique, intégrer ~ dans une chaîne, interfacer** ~ (avec des fichiers de données), [microprocesseur du robot, unité de commande] interpréter** ~, maintenir ~, manipuler ~, mémoriser ~, mettre à jour ~, mettre au point ~, modifier** ~, [système] optimiser ~, paramétrer ~, réaliser ~, rédiger ~ (en langage d'assemblage), stocker ~, structurer ~, télécharger ~, tester ~, traduire ~ en code machine, transférer ~ dans un calculateur*

~ Adj. — *~ activable, ~* ***appelant****, ~ compatible, ~ complexe, ~ exécutable, ~* ***exécutif****, ~ graphique, ~ intégré (utilisable en mode conversationnel), ~ interactif, ~ logique, ~ optimal, ~ paramétré*, ~* ***principal****, ~* ***résident****, ~ séquentiel, ~ spécifique*

~(Prép)(Art)N — *~* ***d'analyse*****, ~ de calcul, ~* ***de commande*****, ~ (de) commande numérique*, ~ DNC, ~ d'estimation, ~ de hachurages, ~ d'interfaçage, ~ interface, ~ en langage d'assemblage, ~* ***machine****, ~ paramètre, ~* ***pièce****, ~ de pilotage [cartes graphiques, stations de travail], ~ de routage (des pièces dans l'atelier), ~* ***de simulation****, ~ de synthèse, ~ d'usinage*, ~* ***utilisateur***

N(Prép)(Art)~ — *adresse du ~, archivage des ~, démarrage du ~, déroulement* d'un ~, développement d'un ~, données d'un ~, écriture* d'un ~, édition de ~, élaboration* des ~, enchaînement des ~, enrichissement des ~ de simulation, exécution* des ~, fractionnement du ~, génération des ~, gestion des ~, gestionnaire de ~, implantation d'un ~, indépendance (totale) des ~ (du noyau CFAO), instructions d'un ~, lisibilité* d'un ~, manipulation de ~, mode d'élaboration des ~, modification* de ~, planification des ~, rebouclage sur les ~ d'usinage, stockage des ~, structuration* des ~, taille de ~, temps d'exécution du ~, transportabilité d'un ~, vérification d'un ~*

programme d'adaptation; postprocesseur — **postprocessor; postedit program**

Programme d'ordinateur qui transforme la sortie du programme général de traitement d'une pièce en programme machine pour la fabrication de cette pièce sur un ensemble machine-outil et contrôleur.

programme d'adaptation (suite)

~ V. — *~ effectuer [changements de repère, vérifications des capacités des courses de la machine], ~ générer [blocs de commande, ordres, fichier de tracés représentant les mouvements d'outils], ~ lire [enregistrements, format d'un fichier neutre], ~ traduire le format d'un fichier neutre, ~ traiter le fichier CLFILE, ~ transformer le résultat de l'interpréteur*

programme d'application — **applications program; applications programming**

Programme en langage évolué pour une application particulière.

~ V. — *~ attendre une réponse, ~ demander une donnée en entrée, ~ dessiner à l'écran, ~ effectuer des calculs, ~ se servir d'informations rangées dans une structure de données, ~ (pouvoir) travailler sur un fichier*

V. ~ — *développer ~, [utilisateur] interagir avec ~, programmer ~*

~ Adj. — *~ portable*

N(Prép)(Art)~ — *déroulement d'un ~, développement d'un ~, élaboration des ~, exécution d'un ~*

programme de compilation — **compiler**

Voir **compilateur**

programme de prétraitement; préprocesseur — **preprocessor; preprocessing program**

Ensemble des opérations informatiques nécessaires au prétraitement des données pour l'utilisation de ces dernières dans un logiciel d'application.

~ V. — *~ créer un fichier neutre à partir de la base de données*

programme d'ordinateur — **program; computer program; software program; package**

Voir **programme**

projection | **projection**

Opération géométrique par laquelle on fait correspondre à un point, ou à un ensemble de points de l'espace, un point ou un ensemble de points d'une surface plane, dans le but d'afficher une scène à l'écran.

V. ~ *modéliser ~ par une matrice de transformation généralisée, représenter ~, utiliser ~ pour montrer une face*

~ Adj. *~ axonométrique*, ~ cabinet*, ~* ***cavalière****, *~ dimétrique*, ~ géométrique plane, ~ isométrique*, ~ linéaire, ~* ***oblique****, *~* ***orthogonale****, *~ orthographique*, ~ trimétrique, ~ uniforme*

N(Prép)(Art)~ *centre* de ~, cisaillement d'une ~, contour d'une ~, ligne de ~, plan de ~, support de ~, surface de ~*

projection parallèle | **parallel projection**

Technique de représentation d'un objet réel à trois dimensions selon laquelle tous les points de l'objet sont projetés sur un plan à deux dimensions, appelé plan de projection, le long de lignes parallèles.

projection perspective | **perspective projection**

Technique de représentation d'un objet réel à trois dimensions selon laquelle les points de l'objet sont projetés sur un plan à deux dimensions, appelé plan de projection, le long de lignes convergentes.

V. ~ *appliquer ~ au réseau d'un carreau*

~(Prép)(Art)N *~ de points d'une courbe ou d'une surface*

N(Prép)(Art)~ *transformation par ~*

protocole | **protocol**

Ensemble de conventions définissant des règles qui régissent le comportement de deux ou plusieurs unités au cours de la communication.

~(Prép)(Art)N *~* ***de communication****, ~ d'échange de données*

protocole | **protocol**

Ensemble de règles sémantiques et syntaxiques déterminant le comportement des entités d'une même couche lorsqu'elles effectuent des fonctions de communication.

NOTA Protocole utilisé dans le modèle de référence d'interconnexion de systèmes ouverts (OSI).

pupitre d'apprentissage; boîte à boutons — **teach pendant**

Élément tenu à la main et relié au système de commande, avec lequel un robot peut être programmé ou déplacé.

NOTA Le terme boîte à boutons est d'emploi familier.

Q

quadrique — **quadric**

Surface algébrique de degré 2.

V. ~ — *représenter ~*

N(Prép)(Art)~ — *approximation des ~, modélisation des ~*

R

rafraîchissement — **refresh**

Procédé qui consiste à produire de manière répétée une image sur un écran afin que l'image reste visible.

~(Prép)(Art)N — *~ de l'écran*

N(Prép)(Art)~ — ***fréquence de** ~, impulsions lumineuses de ~, vitesse de ~ de l'écran*

recopie d'écran; copie d'écran — **screen printing**

Consiste en l'impression sur imprimante ou sur table traçante de ce qui est affiché sur l'écran.

recopie d'écran (suite)

~ V. *~ permettre d'avoir un instantané, ~ (permettre) au concepteur de garder une trace, ~ restituer les éventuels défauts présents sur l'écran, ~ servir de support de réflexion*

V. ~ *simuler ~ sur un traceur de courbes*

~ Adj. *~ matricielle, ~ vidéo*

réflexion **mirroring**

Rotation de cent quatre-vingt degrés des éléments graphiques par rapport à un axe dans le plan de l'écran.

~ Adj. *~ centrale*

~(Prép)(Art)N *~ selon un axe, ~ par rapport à une diagonale, ~ dans l'espace*

régénération **image regeneration; regeneration**

Voir **régénération d'image**

régénération d'image; régénération **image regeneration; regeneration**

Suite d'événements nécessaires pour produire une image d'après sa représentation en mémoire.

releveur de coordonnées **locator**

Organe d'entrée fournissant des données pour calculer les coordonnées d'une position.

NOTA Une tablette graphique ou tout dispositif de pointage.

remplissage de polygone **polygon fill**

Propagation d'un motif de remplissage à l'intérieur d'une zone polygonale d'une surface définie par programme.

rendu **rendering**

Voir **rendu d'image**

rendu d'image; rendu **rendering**

Processus de création ou de présentation d'une scène de façon réaliste.

~ Adj.	*~ réaliste*, ~ tridimensionnel*
N(Prép)(Art)~	*logiciel de ~ (réaliste)*

représentation de contour **outline représentation**

Représentation fil de fer d'un objet dont on a éliminé les lignes cachées.

représentation en treillis **wireframe graphics**

Voir **représentation fil de fer**

représentation fil de fer; représentation en treillis **wireframe graphics**

Représentation tridimensionnelle d'un objet, composée entièrement de lignes, comme si l'objet était construit en fil de fer.

NOTA Les lignes peuvent représenter des arêtes ou des contours de surfaces, y compris ceux qui sont cachés dans la vue d'un objet réel.

réseau local **local area network; LAN**

Réseau qui permet d'interconnecter des ordinateurs ou autres dispositifs informatiques dans une zone géographique très limitée.

NOTA Ethernet est un nom de réseau local qui respecte les couches basses de la norme OSI.

~ V.	*~ connecter (entre eux) [ordinateurs, unités de commande, capteurs, actionneurs]*
V. ~	*configurer ~, coupler deux ~, définir ~, [serveur] gérer ~, [panne] immobiliser ~, implanter ~, installer ~, [panne] perturber ~, raccorder ~ par une passerelle, raccorder les machines au ~, reconfigurer ~*
~ Adj.	*~ haut débit, ~ hétérogène, ~ industriel, ~ informatique, ~ performant, ~ sûr*
~(Prép)(Art)N	*~ d'atelier, ~ de terrain**
N(Prép)(Art)~	*configuration du ~, couplage de deux ~, implantation d'un ~, reconfiguration du ~, station d'un ~, structure d'un ~*

réticule | **cross-hair**

Symbole de repérage visuel formé de deux droites perpendiculaires aux bords de l'écran et dont la position peut être changée verticalement ou horizontalement.

~ V. — *~ (permettre de) désigner un point de l'écran*

V. ~ — *déplacer ~ sur l'écran*

robot; robot industriel | **industrial robot; robot**

Manipulateur automatique, asservi en position, reprogrammable, polyvalent, capable de positionner et d'orienter des matériaux, pièces, outils ou dispositifs spécialisés au cours de mouvements variables et programmés pour l'exécution de tâches variées.

~ V. — *~ accomplir une tâche, ~ amener son organe terminal à un endroit déterminé, ~ apprendre une trajectoire, ~ assurer [chargement, déchargement d'une machine-outil], ~ (contribuer à) augmenter la productivité, ~ (capable de) calculer une trajectoire, ~ déduire les corrections de trajectoires, ~ desservir une machine [à commande numérique, à mesurer tridimensionnelle], ~ effectuer une tâche, ~ exécuter [tâche, trajectoire], ~ fonctionner [en boucle ouverte, en boucle fermée], ~ manipuler* [charge, pièces], ~ (pouvoir) mémoriser plusieurs trajectoires, ~ pointer plusieurs points de référence fixes, ~ réaliser une tâche, ~ restituer une trajectoire, ~ suivre une trajectoire, ~ synchroniser [chargement, déchargement d'une machine-outil], ~ (savoir) utiliser plusieurs mains de prise de pièce*

V. ~ — *apprendre au ~ une trajectoire, associer ~ à une machine, construire ~ de manière interactive, décomposer ~ dans sa structure géométrique, implanter ~, modéliser ~, programmer* ~, reconvertir ~, simuler (graphiquement) ~ dans un environnement*

~ Adj. — *~ manipulateur, ~ programmable, ~ réel, ~ théorique*

~(Prép)(Art)N — *~ point à point, ~ à poste fixe*

N(Prép)(Art)~ — *charge utile d'un ~, configuration d'un ~, couplage d'un ~, domaine atteignable du ~, étalonnage d'un ~ dans un repère absolu, fatigue mécanique du ~, fonction ~, mobilité d'un ~, modélisation géométrique des ~, module de programmation d'un ~, performance d'un ~, pilotage d'un ~, repérage d'un ~ dans un repère absolu, simulation graphique d'un ~, souplesse d'un ~, structure géométrique d'un ~*

robot industriel | **industrial robot; robot**

Voir **robot**

rotation | **rotation**

Action de faire tourner des éléments graphiques autour d'un axe fixe.

V. ~	*centrer ~ en C, [segments de droite] décrire ~, définir ~ [autour d'un centre de coordonnées, par un centre et un angle autour des axes de référence, par un axe un centre et un angle autour de cet axe], demander ~ autour des trois axes de coordonnées, effectuer* ~ [autour de l'origine, d'un modèle, en temps réel], obtenir un volume de révolution par ~ d'une section plane autour d'un axe, représenter ~ par une matrice, soumettre (une courbe) à une ~, spécifier ~ avec un angle de rotation*
~ Adj.	*~ additive, ~ 3D*
~(Prép)(Art)N	*~ autour de [axe*, origine, pivot], ~ selon un axe, ~ dans [le plan, l'espace]*
N(Prép)(Art)~	*angle* de ~, axe* de ~, centre de ~, combinaison de ~ autour des axes de coordonnées, création par ~ de sections, matrice de ~, mise en oeuvre d'une ~*

S

SD | **data structure**

Voir **structure de données**

segment | **segment**

Ensemble de primitives graphiques pouvant être manipulé comme unité graphique.

~ V.	*~ (pouvoir) contenir d'autres segments, ~ se couper, ~ intersecter un côté, ~ traverser l'empan*
V. ~	*appeler ~ à l'intérieur d'un autre segment, connaître ~ par les coordonnées de ses extrémités, créer ~ sur la surface d'affichage, définir* ~ par [coordonnées de ses extrémités, points], déplacer ~ sur la surface*

segment (suite)

	d'affichage, [fonction] fermer ~, inclure ~ dans un octant, modifier ~, réaliser une transformation géométrique sur ~, représenter ~ de droite par des pixels, tracer ~ (sur la surface d'affichage), [action de détourer va] traiter ~, visualiser ~*
~ Adj.	*~ disjoint, ~ graphique, ~ invisible, ~ jointif*, ~ visible**
~(Prép)(Art)N	*~ de droite, ~ de ligne, ~ de polynôme*
N(Prép)(Art)~	*classement de ~, coefficient d'un ~, création d'un ~, découpage de ~, fermeture d'un ~, génération d'un ~, insertion (de primitives graphiques) dans un ~, lissage des ~ d'intersection entre facettes, paramétrage d'un ~, production d'un ~, traçage de ~, transformation géométrique d'un ~*

Service Méthodes — **process planning**

Voir **bureau des méthodes**

SET — **no equivalent**

Voir **standard d'échange et de transfert**

SGBD — **data base management system; DBMS**

Voir **système de gestion de base de données**

signal — **signal**

Variation d'une grandeur physique, servant à représenter les données.

~ V.	*~ commander le déplacement du faisceau d'électrons, ~ prendre la forme d'un jeu de nombres binaires, ~ représenter une quantité, ~ varier*
V. ~	*amplifier ~, appliquer* ~, coder ~, conserver ~, convertir ~, créer ~, échantillonner ~, émettre* ~, évaluer ~, faire passer ~, interpréter ~, interrompre ~, manipuler ~, porter ~ à x volts, recevoir ~, représenter ~, traiter ~, utiliser ~*
~ Adj.	*~* ***analogique****, ~ électrique* (calibré), ~ lumineux, ~* ***numérique****, ~ vidéo*

signal (suite)

~(Prép)(Art)N	*~ de commande, ~ de consigne, ~ de contrôle, ~ d'interruption**
N(Prép)(Art)~	*codage d'un ~, création d'un ~, détection d'un ~, émission d'un ~, manipulation d'un ~, polarité du ~, quantification d'un ~, réception d'un ~, traitement d'un ~ d'interruption, transformation d'un ~ lumineux en impulsion électrique*

sommet — **vertex**

Point commun à deux côtés consécutifs d'une ligne polygonale ou d'un polygone.

~ V.	*~ appartenir à une face, ~ limiter les arêtes*
V. ~	*[système] connaître ~, créer ~, marquer (commun) ~, spécifier [volume] par ses ~*
~ Adj.	*~ coïncident*
N(Prép)(Art)~	*coordonnées* (spatiales) d'un ~*

souris — **mouse**

Releveur de coordonnées ou dispositif de désignation tenu à la main et fonctionnant par déplacement sur une surface.

~ V.	*~ enregistrer* [déplacements relatifs, coordonnées]*
~ Adj.	*~ électromécanique, ~ mécanique*, ~* ***optique**** *, ~ opto-mécanique*
N(Prép)(Art)~	*cliquage de la ~, déplacement* de la ~*

spline — **spline function; spline**

Voir **fonction spline**

spline NURBS — **nonuniform rational B-spline; NURBS**

Voir **B-spline rationnelle non uniforme**

standard d'échange et de transfert; SET — **no equivalent**

Norme de communication graphique entre deux systèmes.

NOTA Développé par l'Aérospatiale (France), SET est actuellement soutenu par le Groupement opérationnel SET (GOSET).

N(Prép)(Art)~ *communication à l'aide de ~, échange ~*

station de travail — **workstation**

Voir **poste de travail**

STEP — **Standard for Transfer and Exchange of Product Model Data; Standard for the Exchange of Product; STEP**

Norme de communication graphique entre deux systèmes.

NOTA En cours d'élaboration, sous les auspices de l'ISO, par un comité composé d'Américains et d'Européens.

N(Prép)(Art)~ *norme ~*

structure de données; SD — **data structure**

Représentation formalisée des relations de rangement et d'accessibilité parmi les données élémentaires, sans égard à leur configuration de stockage réelle.

~ V. *~ contenir [faces, sommets, arêtes, zones], ~ décrire des entités géométriques 2D ou 3D*

V. ~ *combiner des ~, constituer ~, construire, définir ~, initialiser ~, mémoriser [objet] dans ~, reparcourir ~, répercuter des transformations géométriques sur ~, représenter [objet] par ~, utiliser* ~*

~ Adj *~ dynamique*, ~ résidente, ~ sophistiquée*

N(Prép)(Art)~ *coopération des ~, modification de la ~*

suivi de rayon — **ray-tracing; ray-casting**

Voir **lancé de rayon**

surfaçage — **surface modeling; surfacing**

Voir **modélisation surfacique**

surface — **surface**

Élément géométrique fondamental sur lequel s'appuie la représentation des objets.

~ V. — *~ consister en un nombre infini de points, ~ constituer la frontière d'un volume, ~ décrire une forme, ~ définir* un solide, ~ passer par les points, ~ se pénétrer*

V. ~ — *[modification] affecter ~, afficher ~, ajuster ~ entre deux profils, approcher* ~ par [facettes planes, facettes quasi planes, polygones plans], approximer* ~ (par des facettes), appuyer ~ sur une liste ordonnée de courbes, associer à ~ un ensemble de conditions, attirer ~ par des points de contrôle, [système] connaître* ~ (par un ensemble de points 3D), construire* ~, créer* ~, décomposer ~ en carreaux, découper ~ avec une procédure, décrire* ~ [dans l'espace, par carreaux restreints, définir* ~ dans l'espace, déformer ~, détecter ~, [polyèdre, trace, déplacement, déformation] engendrer* ~, exploiter, [utilisateur] faire évoluer ~, faire suivre à ~ une trajectoire, générer* ~ (pour définir un profil), guider ~ par des points de contrôle, imposer à ~ de passer par certains points, interpoler ~ entre quatre courbes de contrôle, matérialiser ~ au moyen de plusieurs objets, modéliser* ~, modifier* ~, réordonner ~, représenter* ~ [par un ensemble de facettes, à l'aide de paramètres], stocker ~, [algorithme, système tridimensionnel] traiter* ~*

~ Adj. — *~ analytique, ~ bicubique, ~ bornée*, ~ canonique, ~ cartésienne, ~ colorée, ~ complexe*, ~* ***conique****, ~* ***conoïde****, ~ (3D) continue, ~ courbe, ~* ***cylindrique*****, ~ déformable, ~* ***développable*****, ~ évolutive, ~ fermée*, ~ fractale, ~ générique, ~ hachurée, ~ minimale, ~ occultée, ~ ordonnée, ~ orientable*, ~ parallèle, ~ paramétrée, ~ paramétrique*, ~ pleine, ~ plane*, ~ polynomiale de degré élevé, ~ précise, ~ simple*, ~* ***tabulée****, ~ tramée, ~ visible*

~(Prép)(Art)N — *~ d'approximation, ~ enveloppe, ~ d'Hermite, ~ d'interpolation, ~ à pôles*, ~ support, ~ de visualisation*

surface (suite)

N(Prép)(Art)~ *ajustement de ~, allure d'une ~, approche d'une ~ complexe, approximation de ~ par un ensemble de points, carreaux de ~ gauches, connaissance d'une ~, construction d'une ~, contour d'une ~, création* d'une ~ à partir d'une suite de courbes, décomposition d'une ~ (en carreaux et contraintes topologiques), découpage de la ~ totale de l'objet, définition* [mathématique, numérique] d'une ~, déformation de ~, degré d'une ~, description* (mathématique) d'une ~, digitalisation d'une ~, élaboration de ~, équation d'une ~, formulation paramétrique d'une ~, frontières d'une ~, génération* d'une ~, interpolation d'une ~, lissage de ~, manipulation d'une ~, matérialisation des ~, modelage de ~ (à l'aide de points de contrôle), modélisation d'une ~, numérisation* de ~, raccordement de ~, représentation des ~*

surface B-Spline; surface spline **B spline surface**

Surface définie à l'aide de fonctions B-splines sur un domaine rectangulaire de deux paramètres.

~ V. *~ approximer le polyèdre de contrôle*

V. ~ *définir ~*

~ Adj. *~ bicubique, ~ rationnelle*

N(Prép)(Art)~ *degré d'une ~*

surface d'affichage; surface de visualisation **display surface**

Dans un dispositif d'affichage, support sur lequel les images peuvent apparaître.

~(Prép)(Art)N *~ à deux dimensions*

surface de Bézier **Bezier surface**

Surface définie à l'aide de fonctions de Bézier sur un domaine rectangulaire de deux paramètres.

~ V. *~ passer par les points, ~ représenter [généralisation des courbes de Bézier, mêmes propriétés que les courbes de Bézier]*

surface de Bézier (suite)

V. ~	*construire ~, définir* ~*
~ Adj.	*~ bicubique, ~ rationnelle*
N(Prép)(Art)~	*définition d'une ~, degré d'une ~*

surface de Coons — **Coons surface**

En modélisation des surfaces gauches, surface interpolée entre les quatres courbes de contrôle qui la délimitent.

V. ~	*[système] utiliser ~*

surface de révolution — **surface of revolution**

Surface générée par la rotation d'une courbe plane autour d'un axe de révolution.

V. ~	*obtenir ~ en appliquant un mouvement de rotation à une courbe appelée génératrice*

surface de visualisation — **display surface**

Voir **surface d'affichage**

surface élémentaire — **patch**

Voir **carreau**

surface gauche — **skew surface**

Surface dont l'expression analytique est inconnue ou complexe.

V. ~	*approcher* ~ par des facettes planes, connaître* ~ par [équations, facettes, nuage de points], exploiter ~, mémoriser ~, représenter ~ (de formes très diverses), [opérateur] traiter* ~*
~ Adj.	*~ déformable*
N(Prép)(Art)~	*carreau de ~, discrétisation d'une ~ en polygones, intégration des ~ dans les modèles de solides, interpolateur de ~ dans les machines outils à commande numérique, méthode de construction des ~ à partir d'un réseau de courbes, modélisation* [géométrique, mathématique] des ~, traitement de ~*

surface réglée — **ruled surface**

Surface générée par le déplacement d'une droite dont les extrémités parcourent deux courbes ou une courbe et un point.

V. ~ *[formes] s'appuyer sur ~, [déplacement d'une génératrice] (peut) engendrer ~, définir ~, mettre à plat ~*

N(Prép)(Art)~ *construction de ~*

surface spline — **B-spline surface**

Voir **surface B-Spline**

surface utile — **display space; operating space**

Voir **espace d'affichage**

système CAO; système de CAO — **CAD system**

Cf. conception assistée par ordinateur

~ Adj. *~ hétérogène, ~ monoposte, ~ multipostes*

N(Prép)(Art)~ *environnement d'un ~, implantation d'un ~, mise en oeuvre d'un ~*

système de CFAO — **CAD/CAM system**

Cf. conception et fabrication assistées par ordinateur

~ V. *~ s'appuyer* sur [communication homme-machine, connaissances et des traitements, modèle géométrique], ~ (permettre de) communiquer de l'information, ~ (permettre de) consulter de l'information, ~ (permettre de) créer* [information, automatiquement des facettes], ~ emmagasiner l'ensemble des paramètres de l'objet, ~ enrichir un modèle, ~ (permettre d') évaluer les performances d'une tâche, ~ gérer un modèle géométrique, ~ manipuler [algorithme, information], (permettre de) modifier de l'information, ~ piloter les robots, ~ (permettre de) programmer une tâche, ~ reposer sur des programmes, ~ résoudre les problèmes liés à l'intégration, ~ (permettre de) simuler le mouvement de l'outil, ~ [actuels] ne traiter que des données géométriques*

V. ~ *définir ~, dialoguer avec un ~, mettre en place ~, transporter ~ sur de nouveaux moyens matériels*

système de CFAO (suite)

~ Adj. — *~ complet, ~ évolué*, ~ évolutif, ~ ouvert*, ~ performant, ~ standard*

~(Prép)(Art)N — *~ «noyau», ~ à vocation sectorielle*

N(Prép)(Art)~ — *architecture d'un ~, dialogue du ~, durée de vie d'un ~, fonctions d'un ~, indépendance des ~ par rapport aux matériels, intégration (de systèmes CAO et FAO) en ~, mise en oeuvre d'un ~*

système de FAO — **CAM system**

Cf. fabrication assistée par ordinateur

~ V. — *~ calculer les mouvements d'outils, ~ (devoir) disposer de fonctionnalités de modélisation géométrique, ~ générer des programmes pièces*

système de gestion de base de données; SGBD — **data base management system; DBMS**

Cf. base de données

~ V. — *~ agir sur* [informations, structure], ~ assurer [intégration des données, conception simultanée, intégrité des données], ~ autoriser le développement d'applications, ~ (permettre de) définir [relations, hiérarchies], ~ éviter la redondance, ~ (permettre d') extraire [caractéristiques, structures], ~ (pour la CFAO) (devoir) gèrer* une structure (dynamique), ~ (permettre de) manipuler [caractéristiques, structures], ~ (permettre de) mémoriser [caractéristiques, structures]*

V. ~ — *adapter ~ à* (des besoins spécifiques)*

~ Adj. — *~ adapté à la CFAO, ~ 2D, ~ hiérarchique, ~ orienté* [CFAO, objets], ~ R, ~ relationnel*, ~ spécialisé, ~ spécifique, ~ 3D*

~(Prép)(Art)N — *~ réseau*

système de modélisation — **modeling system; modelling system**

Cf. modélisation

~ V.	*~ (pouvoir) exister indépendamment, ~ manipuler [objets, habillage, attributs], ~ (permettre de) réaliser [plan, modèle]*
V. ~	*lier ~ à un modèle*
~ Adj.	*~ 2D, ~ ouvert, ~ 3D*

système de production flexible — **flexible manufacturing system; FMS**

Voir **atelier flexible**

système expert — **expert system**

Programme destiné à modéliser le comportement d'un expert dans des domaines où l'expertise est insuffisamment structurée et où les connaissances sont souvent sujettes à de nombreuses révisions.

~ V.	*~ (pouvoir) améliorer la conduite d'algorithmes, ~ appliquer des règles, ~ comporter un programme d'explications, ~ gérer les priorités (selon les règles qu'adopteraient des spécialistes placés dans des situations analogues), ~ offrir une assistance au niveau du raisonnement, ~ rassembler les connaissances, ~ rendre les connaissances accessibles*
V. ~	*associer ~ à un logiciel de conception, interfacer les ~ avec les systèmes classiques*
~ Adj.	*~ dédié (à la CAO)*
N(Prép)(Art)~	*approche ~*

système flexible — **flexible manufacturing system; FMS**

Voir **atelier flexible**

système flexible de fabrication — **flexible manufacturing system; FMS**

Voir **atelier flexible**

système graphique GKS; norme graphique GKS; GKS — **Graphical Kernel System; GKS**

Système qui fournit un ensemble normalisé de fonctions de programmation graphique et l'interface fonctionnelle entre un programme d'application et les appareils d'entrée et de sortie.

~ V. — *~ (permettre de) créer des graphiques, ~ générer des primitives graphiques, ~ (permettre de) représenter des graphiques, ~ supposer que les fichiers sont dans le répertoire*

N(Prép)(Art)~ — *fermeture de ~, fonction de ~, ouverture de ~, structure de contrôle de ~*

système infographique PHIGS; norme PHIGS; PHIGS — **Programmer Hierarchical Interactive Graphics System; PHIGS**

Ensemble normalisé de fonctions graphiques auxiliaires pour commander la définition, la modification et l'affichage de données graphiques hiérarchisées.

NOTA Défini pour du 3D, PHIGS partage certains concepts de GKS. La différence principale entre ces deux systèmes réside dans la structuration de la scène, en segment dans GKS et en structure – ou hiérarchie – dans PHIGS; ce qui permet de définir et de manipuler des scènes et sous-scènes.

T

table à numériser — **graphics digitizer**

Voir **numériseur graphique**

table traçante — **plotter; graphics plotter**

Voir **traceur**

tablette; tablette graphique — **tablet; graphics tablet**

Surface plane spéciale permettant de repérer chacune des positions qu'elle contient, et servant le plus souvent de releveur de coordonnées.

tablette (suite)

~ V. *~ délivrer un couple de coordonnées, ~ (permettre d') effectuer une mesure absolue des coordonnées, ~ fournir des données numériques, ~ permettre la fixation d'un menu, ~ (permettre de) réaliser les fonctions du dialogue*

V. ~ *connecter ~ à la station de travail, dessiner sur ~, employer* ~ pour saisir des coordonnées, pourvoir ~ de plusieurs stylos, utiliser ~ en [mode point par point, continu]*

~ Adj. *~ acoustique tridimensionnelle, ~ connectable, ~ indépendante, ~ réversible*

tablette à numériser — **graphics digitizer**

Voir **numériseur graphique**

tablette graphique — **tablet; graphics tablet**

Voir **tablette**

tâche — **task**

Élément de la décomposition d'un problème, susceptible d'être représenté par un programme informatique.

~ V. *~ (devoir) commander [entrées de pièces, machines], ~ (devoir) contrôler [entrées, flux de pièces], ~ faire la queue à un centre de travail, ~ (devoir) faire le lien avec le deuxième niveau, ~ (devoir) réguler les flux de pièces, ~ (devoir) répartir les différentes machines, ~ (devoir) servir le processus*

V. ~ *[centre de travail] accomplir ~, [ordinateur] assigner ~ [au centre de travail, au sous-système de production], [ordinateur] assurer ~, [ordinateur] attribuer ~ [au centre de travail, au sous-système de production], automatiser* ~, définir* ~, [ordinateur] désigner ~ [au centre de travail, au sous-système de production], [ordinateur] distribuer ~ [au centre de travail, au sous-système de production], effectuer ~, étudier ~, exécuter* ~, fractionner ~, identifier ~, ordonnancer ~, [programme] planifier ~, programmer* ~, réaliser ~, [informations] suivre ~, synchroniser ~, [programme de base] traiter* ~ (dans l'ordre de priorité)*

tâche (suite)

~ Adj. — *~ amont, ~ aval, ~ complexe, ~ décisive, ~ graphique, ~ répétitive, ~ spécifique**

N(Prép)(Art)~ — *allocation des ~, automatisation* d'une ~, complexité d'une ~, diagramme d'enclenchement des ~, exécution* des ~, faisabilité d'une ~, identification des ~, intégration des ~, mécanisation des ~, ordonnancement* des ~, performances d'une ~,* ***programmation d'une ~****, synchronisation des ~, synchronisme des ~*

technique de groupe — **group technology**

Voir **technologie de groupe**

technologie de groupe; technologie de groupes; technique de groupe — **group technology; GT**

Système de codification et de classification employé en CAO pour regrouper par familles des pièces, ayant des caractéristiques semblables, souvent utilisées.

V. ~ — *exécuter ~, mettre en oeuvre ~*

~ Adj. — *~ assistée par ordinateur**

N(Prép)(Art)~ — *mise en oeuvre* de la ~*

technologie de groupe assistée par ordinateur; TGAO — **computer-aided group technology**

Cf. technologie de groupe

terminal — **graphics terminal**

Voir **terminal graphique**

terminal — **end-effector**

Voir **organe terminal**

terminal graphique; console graphique; poste graphique; terminal — **graphics terminal**

Unité d'entrée-sortie qui permet le dialogue humain-machine et le traitement des données graphiques par ordinateur.

terminal graphique (suite)

~ V. — *~ avoir connaissance de la structuration des données graphiques en symboles, ~ posséder [fonctionnalités, processeur, résolution limitée], ~ (devoir) permettre [acquisition de données, dialogue avec l'utilisateur], ~ traiter des informations*

V. ~ — *connecter ~ (en temps réel), [tendance est de] donner une intelligence locale au ~*

~ Adj. — *~ interactif, ~ passif*

N(Prép)(Art)~ — *affichage sur ~, structure informatique d'un ~*

terminal graphique intelligent; terminal intelligent — **intelligent terminal**

Terminal graphique pouvant traiter des données mémorisées en local.

terminal intelligent — **intelligent terminal**

Voir **terminal graphique intelligent**

texturage — **texture mapping**

Voir **mappage de texture**

TGAO; technologie de groupe assistée par ordinateur — **computer-aided group technology**

Cf. technologie de groupe

tolérancement — **tolerancing**

Établissement de l'ensemble des tolérances admissibles pour une pièce.

V. ~ — *répartir ~*

N(Prép)(Art)~ — *automatisation du ~, formalisation du ~ (des pièces mécaniques)*

traceur; table traçante; traceur de courbes — **plotter; graphics plotter**

Périphérique de sortie permettant la réalisation de dessins en mode vecteurs ou points par points suivant la technologie choisie : à plume, électrostatique ou thermique.

~ V. — *~ tracer [vecteurs, courbes, etc.]*

traceur (suite)

~ Adj.	*~ **digital**, ~ électrostatique, ~ mécanique, ~ **thermique***
~(Prép)(Art)N	*~ **à bande**, ~ à entraînement par micro-traction, ~ **à jets d'encre***, ~ à laser, ~ sur microfilm, ~ à points, ~ à transfert thermique direct, ~ vecteurs*
N(Prép)(Art)~	*sortie ~*

traceur à plat — **flatbed plotter; flat-bed plotter**

Traceur qui produit des dessins sur un support papier monté sur une surface plane et fixe et dont l'organe de tracé se déplace sur une glissière.

traceur à plumes — **multiple-pen plotter; multi-pen plotter**

Traceur qui porte plusieurs plumes et qui permet d'effectuer des tracés de couleurs diverses en changeant simplement de plume, sans interrompre le programme en cours.

traceur à rouleaux — **drum plotter**

Traceur qui dessine l'image sur une surface d'affichage qui défile entre un rouleau émetteur et un rouleau récepteur.

Cf. traceur à tambour

traceur à tambour — **drum plotter**

Traceur qui dessine l'image sur une surface d'affichage montée sur un tambour rotatif.

NOTA Le terme générique anglais se rend en français par deux spécifiques : traceur à tambour et traceur à rouleaux. La spécificité des termes français origine uniquement du mode d'entraînement du support du dessin, le mode de tracé est quant à lui identique.

traceur de courbes — **plotter; graphics plotter**

Voir **traceur**

traceur électrostatique — **electrostatic plotter; dot-matrix plotter**

Traceur par ligne utilisant une rangée d'électrodes pour créer les charges électriques attirant l'encre sur le papier.

~ Adj.	*~ monochrome*

traceur par ligne | **raster plotter**

Traceur qui produit l'image en balayant ligne par ligne la surface d'affichage.

traitement d'image | **image processing; picture processing**

Ensemble des opérations permettant d'obtenir une analyse ou une amélioration des images numérisées à l'aide de l'ordinateur pour en faciliter l'interprétation.

trajectoire d'outil | **toolpath**

Parcours suivi par un outil lors de la conception et de la production d'une pièce.

V. ~ *calculer ~, définir ~ (en s'appuyant sur des surfaces), déterminer ~, créer ~ dans un fichier, générer* (automatiquement) ~, gérer ~, relinéariser ~*

N(Prép)(Art)~ *calcul des ~, choix des ~, description de la ~, détermination* (automatique) de la ~, génération automatique des ~*

transformation; transformation géométrique | **transformation; transformation in design**

Procédure permettant de calculer les nouvelles positions des coordonnées pour chacun des points de l'objet, après avoir spécifié une nouvelle position, une nouvelle échelle ou une nouvelle orientation de l'objet.

NOTA La translation, la rotation et le changement d'échelle constituent les trois transformations de base.

~ V. *~ (permettre de) déplacer* [élément, entité, segment], ~ (permettre de) dupliquer* [élément, entité], ~ interpoler la figure d'entrée, ~ (permettre de) manipuler les objets, ~ (avoir pour effet de) modifier l'échelle d'une figure, ~ modifier la forme d'un objet*

V. ~ *appliquer* ~ à [ensemble de segments, tous les sommets], associer ~ à un élément, combiner ~, commuter ~, concaténer ~, définir ~, effectuer* ~ (sur un segment), gérer ~, introduire ~, [système] (permettre de) mettre en oeuvre ~, réaliser ~ sur un segment, répercuter ~ sur la structure des données, représenter* ~ par [produit matriciel, matrice], uniformiser ~*

transformation (suite)

~ Adj. — *~ affine*, ~ élémentaire, ~ perspective, ~ ponctuelle*

~(Prép)(Art)N — *~ de base, ~ clôture-fenêtre, ~ (en) 2D, ~ [en coordonnées cartésiennes, sur les coordonnées d'un objet], ~ dans l'espace, ~ de mise à l'échelle, ~ de normalisation, ~ (en) 3D*, ~ de visualisation* [2D, 3D]*

N(Prép)(Art)~ — *calcul de ~, concaténation* de ~, construction par ~, définition d'une ~, matrice* de ~, prise en compte des ~, matrice de ~*

transformation géométrique — **transformation; transformation in design**

Voir **transformation**

translation — **translating**

Application d'un déplacement constant aux positions d'un ou plusieurs éléments graphiques.

~ V. — *~ modifier la forme d'une courbe*

V. ~ — *combiner ~ en concaténant les matrices, [segments de droite] décrire ~, définir* ~ (par un vecteur), effectuer* ~ [d'un modèle, en temps réel], obtenir un prisme par ~ d'une section suivant une direction, représenter ~ par une matrice, soumettre (une courbe) à une ~*

~ Adj. — *~ additive*

~(Prép)(Art)N — *~ selon un axe*

N(Prép)(Art)~ — *création par ~ de sections, équation (matricielle) de ~, matrice* de ~, paramètres de la ~, vecteur (de) ~*

tridimensionnel — **three-dimensional; 3D**

Voir **à trois dimensions**

3D — **three-dimensional; 3D**

Voir **à trois dimensions**

U

usinage **machining**

Façonnage d'une pièce brute, sur une machine-outil, pour l'amener à sa forme définitive.

V. ~	*exécuter ~, organiser ~ en groupes machines, procéder à ~, réaliser* ~, simuler ~*
~ Adj.	*~ complexe, ~ [2D, 2D½], ~ intégral (des pièces de révolution), ~ symétrique, ~ tridimensionnel**
~(Prép)(Art)N	*~ en [trois axes, cinq axes], ~ en cellule flexible, ~ en commande numérique, ~ en DNC*
N(Prép)(Art)~	*analyse des ~, atelier flexible d'~, centre* d'~, cycle d'~, durée d'~, entité* d'~, incident d'~, logiciel d'~, macro d'~, modification d'~, montage* d'~, opération* d'~, ordonnancement des opérations d'~, palette d'usinage, paramètre* d'~, passe d'~, phase* d'~, précision d'~, préparation de l'~, priorité d'~, procédé d'~, processus d'~, programmation des ~, programme d'~, qualité d'~, réalisation des ~, séquence* d'~, simulation en ~, sous-phase d'~, techniques d'~, temps* d'~, tolérance d'~, trajectoire d'~, vitesse d'~*

V

variable **variable**

Grandeur susceptible de prendre des valeurs numériques différentes.

~ V.	*~ assumer des valeurs, ~ changer, ~ déterminer la performance, ~ englober [vitesse de coupe, alimentation, outillage, matière première, etc.], ~ revêtir des valeurs positives ou nulles*
V. ~	*balayer ~ du processus de fabrication, calculer* ~, comporter ~, contrôler ~, convertir ~ en un signal électrique, définir* ~, déterminer ~, échantillonner ~ du processus, enregistrer ~, étudier ~, identifier ~,*

variable (suite)

	incorporer ~ au modèle, initialiser ~, maintenir ~ au niveau recherché, mesurer ~, modifier* ~, observer ~, optimiser ~ d'évaluation, posséder ~, recueillir ~, régler ~, relier ~ entre elles, spécifier ~, utiliser ~, valoriser ~*
~ Adj.	*~ **analogique**, ~ analogique continue, ~ articulaire*, ~ continue, ~ contrôlable, ~ **dépendante***, ~ discrète, ~ dynamique, ~ établie, ~ explicative, ~ géométrique, ~ globale, ~ graphique, ~ incontrôlable, ~ **indépendante***, ~ manipulable, ~ mesurable, ~ non vérifiable, ~ paramétrique, ~ vérifiable*
~(Prép)(Art)N	*~ d'entrée*, ~ d'évaluation de performance, ~ solution, ~ de sortie**
N(Prép)(Art)~	*amplitude de la ~, attribut d'une ~, contenu d'une ~, initialisation* des ~, multiplicité de ~, organisation matricielle d'une ~, organisation vectorielle d'une ~*

vecteur **vector**

Segment auquel on attribue une orientation, en précisant son origine et son extrémité.

~ V.	*~ définir une direction, ~ désigner un point du plan, ~ varier au cours d'un traitement graphique*
V. ~	*afficher ~, construire ~ par [points, segments], définir* ~ (par son point extrémité), multiplier ~, orienter ~, programmer ~ point par point, représenter* ~ [par ses composantes, par une flèche, en coordonnées homogènes], tracer ~, [processeur] travailler sur des ~*
~ Adj.	*~ constant, ~ élémentaire, ~ nodal, ~ non colinéaire, ~ normal*, ~ orienté, ~ tangent, ~ unitaire*
~(Prép)(Art)N	*~ du contour d'une facette, ~ de torsion, ~ (de) translation, ~ de vue*
N(Prép)(Art)~	*algorithme de génération de ~, composantes d'un ~, coordonnées de ~, direction d'un ~, générateur* de ~, génération de ~, liste de ~, longueur d'un ~, manipulation de ~, produit vectoriel de deux ~, séquence de ~, tracé de ~, valeur des ~*

vecteur absolu | **absolute vector**

Vecteur dont l'origine et l'extrémité sont déterminées par des coordonnées absolues.

vecteur relatif | **relative vector**

Vecteur dont l'extrémité est déterminée par un déplacement par rapport à l'origine.

virtuel | **virtual**

Qui a toutes les possibilités de réalisation dans un objet réel.

visu à balayage cavalier | **calligraphic display device; directed beam display device**

Voir **écran à balayage cavalier**

visualisation | **display**

Voir **affichage**

A

absolute coordinate	coordonnée absolue
absolute dimensioning; coordinate dimensioning	cotation absolue
absolute vector	vecteur absolu
addressable point	position adressable
AI; artificial intelligence	IA; intelligence artificielle
algorithm	algorithme
aliasing	crénelage; effet d'escalier; phénomène d'escalier
anti-aliasing	anticrénelage
application software	logiciel d'application
applications program; applications programming	programme d'application
APT; automatically programmed tool	langage APT; APT
arm primary axes	bras axes principaux; bras
artificial intelligence; AI	IA; intelligence artificielle
attribute; display attribute	attribut; attribut graphique; attribut visuel
automatically programmed tool; APT	langage APT; APT
automation	automatisation; mécanisation
axis	axe
axis	axe mécanique; axe

B

Bezier curve	courbe de Bézier
Bezier surface	surface de Bézier
bill of materials; BOM	nomenclature
blanking	extinction
blinking	clignotement
BOM; bill of materials	nomenclature
book of specifications; specifications	cahier des charges
Boolean operation	opération booléenne
brick	pavé
B-spline; B-spline curve	courbe B-spline; courbe spline
B-spline surface	surface B-spline; surface spline

C

CAD; computer-aided design; computer-assisted design	conception assistée par ordinateur; CAO
CAD/CAM; computer-aided design/computer-aided manufacturing	conception et fabrication assistées par ordinateur; CFAO
CAD/CAM software	logiciel de CFAO
CAD/CAM system	système de CFAO

CAD software	logiciel de CAO
CAD system	système CAO; système de CAO
calligraphic display device; directed beam display device	écran à balayage cavalier; visu à balayage cavalier
CAM; computer-aided manufacturing; computer-assisted manufacturing	fabrication assistée par ordinateur; fabrication informatisée; FAO
CAM software	logiciel de FAO
CAM system	système de FAO
canned software; off-the-shelf program; off-the-shelf software; packaged software	logiciel de série; logiciel en capsule; logiciel fixe
CAPM; computer-aided production management	gestion de production assistée par ordinateur; GPAO
cartesian coordinate	coordonnée cartésienne
cathode screen; CRT screen	écran cathodique
cell; manufacturing cell	cellule de fabrication flexible; cellule flexible de production; cellule flexible d'usinage; cellule flexible; cellule
classification	classification
clipping; scissoring	découpage; détourage
CNC; computer numerical control	commande numérique par ordinateur; commande numérique par calculateur; CNC
coded image	image codée
coding	codification
coherence; consistency	cohérence
compiler	compilateur; programme de compilation

compliance	complaisance; compliance
computer	ordinateur
computer-aided design; computer-assisted design; CAD	conception assistée par ordinateur; CAO
computer-aided design/computer-aided manufacturing; CAD/CAM	conception et fabrication assistées par ordinateur; CFAO
computer-aided drafting; computer-aided drawing	dessin assisté par ordinateur; DAO
computer-aided group technology	technologie de groupe assistée par ordinateur; TGAO
computer-aided manufacturing; computer-assisted manufacturing; CAM	fabrication assistée par ordinateur; fabrication informatisée; FAO
computer-aided production management; CAPM	gestion de production assistée par ordinateur; GPAO
computer-assisted design; CAD; computer-aided design	conception assistée par ordinateur; CAO
computer-assisted manufacturing; CAM; computer-aided manufacturing	fabrication assistée par ordinateur; fabrication informatisée; FAO
computer-generated image	image de synthèse
computer graphics	infographie; informatique graphique
computer numerical control; CNC	commande numérique par ordinateur; commande numérique par calculateur; CNC
computer program; program; software program	programme; programme d'ordinateur
consistency; coherence	cohérence
constraint	contrainte

constructive solid geometry; CSG	arbre de construction; arbre CSG
contour	contour
contouring control	commande continue; contournage
control ball; track ball; trackball; tracker ball	boule de commande; boule roulante
control point	point de contrôle
Coons surface	surface de Coons
coordinate	coordonnée
coordinate dimensioning; absolute dimensioning	cotation absolue
coordinate graphics	infographie par coordonnées
cross-hair	réticule
CRT screen; cathode screen	écran cathodique
CSG; constructive solid geometry	arbre de construction; arbre CSG
curve	courbe

D

2D; two-dimensional	à deux dimensions; bidimensionnel; 2D
3D; three-dimensional	à trois dimensions; tridimensionnel; 3D
data	donnée
data base; DB	base de données; BD
data base management system; DBMS	système de gestion de base de données; SGBD

data structure	structure de données; SD
DB; data base	base de données; BD
DBMS; data base management system	système de gestion de base de données; SGBD
decision	décision
decision tree	arbre de décision; arbre décisionnel
degree of freedom; DOF	degré de liberté; DDL
design	conception; design; définition
device coordinate	coordonnée d'appareil
device space	espace d'appareil
digitization	numérisation; digitalisation; discrétisation
digitized image	image numérique; image numérisée
dimensioning	cotation
directed beam display device; calligraphic display device	écran à balayage cavalier; visu à balayage cavalier
direct numerical control; DNC	commande numérique directe; DNC; CND
display	affichage; visualisation
display attribute; attribute	attribut; attribut graphique; attribut visuel
display command; display instruction	commande d'affichage
display element; graphic primitive; output primitive	élément graphique; primitive graphique
display entity; graphical entity; graphic entity	entité graphique

display image	image
display instruction; display command	commande d'affichage
display screen; screen; viewing screen	écran; écran de visualisation
display space; operating space	espace d'affichage; surface utile
display surface	surface d'affichage; surface de visualisation
DNC; direct numerical control	commande numérique directe; DNC; CND
DOF; degree of freedom	degré de liberté; DDL
dot-matrix plotter; electrostatic plotter	traceur électrostatique
drawing	dessin; plan
drum plotter	traceur à rouleaux
drum plotter	traceur à tambour
dynamic tool display	affichage dynamique d'outil

E

edge	arête
electrostatic plotter; dot-matrix plotter	traceur électrostatique
end-effector	organe terminal; terminal; effecteur; organe effecteur
engineering department	bureau d'études
entity	entité

Ethernet	Ethernet
expert system	système expert
explicit path programming; explicit programming	programmation analytique; programmation analytique de trajectoire

F

face	facette; face
family-of-parts programming	programmation par famille de pièces
FEA; finite-element analysis	analyse par éléments finis; méthode des éléments finis
features modeling	modélisation produit; conception par entités
fill pattern	motif de remplissage
finite-element analysis; FEA	analyse par éléments finis; méthode des éléments finis
finite element modeling	modélisation par éléments finis
flatbed plotter; flat-bed plotter	traceur à plat
flexible manufacturing system; FMS	atelier flexible; système de production flexible; système flexible de fabrication; système flexible
function	fonction
functionality	fonctionnalité

G

geometric entity	entité géométrique
geometric modeling	modélisation géométrique
geometric primitive	primitive géométrique
geometry	géométrie
GKS; Graphical Kernel System	système graphique GKS; norme graphique GKS; GKS
goal-directed programming	programmation par définition de l'objectif
graphical data; graphic data	donnée graphique
graphical entity; graphic entity; display entity	entité graphique
Graphical Kernel System; GKS	système graphique GKS; norme graphique GKS; GKS
graphic data; graphical data	donnée graphique
graphic entity; display entity; graphical entity	entité graphique
graphic primitive; output primitive; display element	élément graphique; primitive graphique
graphics digitizer	numériseur graphique; table à numériser; tablette à numériser
graphics package	progiciel graphique
graphics plotter; plotter	traceur; table traçante; traceur de courbes
graphics printer	imprimante graphique
graphics screen	écran graphique

graphics software	graphiciel; logiciel graphique
graphics tablet; tablet	tablette; tablette graphique
graphics terminal	terminal graphique; console graphique; poste graphique; terminal
gripper	préhenseur
group technology; GT	technologie de groupe; technologie de groupes; technique de groupe

H

hardware	matériel
hidden-surface elimination; hidden-surface removal	élimination des faces cachées; élimination des parties cachées
high-level language	langage évolué; langage de haut niveau; langage de programmation de haut niveau
homogenous coordinate	coordonnée homogène

I

IGES; Initial Graphics Exchange Specification	IGES
image processing; picture processing	traitement d'image
image regeneration; regeneration	régénération d'image; régénération
incremental dimensioning	cotation relative

industrial robot; robot	robot; robot industriel
information	information
Initial Graphics Exchange Specification; IGES	IGES
integration	intégration
intelligent terminal	terminal graphique intelligent; terminal intelligent
interactive computer graphics	infographie interactive
interactivity	interactivité
interpolation	interpolation

J

JIT; just-in-time	méthode juste à temps; méthode à flux tendus; méthode KANBAN
joint coordinate	coordonnée articulaire; coordonnée généralisée; coordonnée angulaire
joystick	manche à balai
just-in-time; JIT	méthode juste à temps; méthode à flux tendus; méthode KANBAN

K

keyboard	clavier
knowledge base	base de connaissances

L

LAN; local area network	réseau local
layer	couche
library	bibliothèque
light(-)pen	photostyle; pointeur optique; crayon photosensible; crayon optique
local area network; LAN	réseau local
locator	releveur de coordonnées

M

machining	usinage
macro-language	macro-langage
manufacturing	fabrication
Manufacturing Automation Protocol; MAP	MAP
manufacturing cell; cell	cellule de fabrication flexible; cellule flexible de production; cellule flexible d'usinage; cellule flexible; cellule
manufacturing resource planning; MRP II	planification des ressources de production; MRP II
MAP; Manufacturing Automation Protocol	MAP
mapping	mappage

material requirements planning; MRP	planification des besoins en composants; planification des besoins en matières; planification des matériaux nécessaires; MRP; méthode MRP; PBC
mathematical model	modèle mathématique
mechanical interface	interface mécanique
mesh generation	maillage
mirroring	réflexion
model	modèle géométrique; modèle; modèle descriptif; maquette virtuelle
modeling; modelling	modélisation
modeling system; modelling system	système de modélisation
modelling; modeling	modélisation
modelling system; modeling system	système de modélisation
mouse	souris
MRP; material requirements planning	planification des besoins en composants; planification des besoins en matières; planification des matériaux nécessaires; MRP; méthode MRP; PBC
MRP II; manufacturing resource planning	planification des ressources de production; MRP II
multi-pen plotter; multiple-pen plotter	traceur à plumes

N

NC; numerical control	commande numérique; CN
NC machine tool; numerical control machine tool	machine-outil à commande numérique; MOCN
NDC; normalized device coordinate	coordonnée d'appareil normée; coordonnée normalisée; CN
neutral exchange format	fichier neutre
nonuniform rational B-spline; NURBS	B-spline rationnelle non uniforme; spline NURBS; NURBS
normalized device coordinate; NDC	coordonnée d'appareil normée; coordonnée normalisée; CN
numerical control; NC	commande numérique; CN
numerical control machine tool; NC machine tool	machine-outil à commande numérique; MOCN
NURBS; nonuniform rational B-spline	B-spline rationnelle non uniforme; spline NURBS; NURBS

O

object	objet
object-oriented language	langage orienté objet; langage objet; LOO
object-oriented programming	programmation orientée objet; POO

off-the-shelf program; off-the-shelf software; packaged software; canned software	logiciel de série; logiciel en capsule; logiciel fixe
Open System Interconnection; OSI	interconnexion de systèmes ouverts; OSI
operating space; display space	espace d'affichage; surface utile
OSI; Open System Interconnection	interconnexion de systèmes ouverts; OSI
outline representation	représentation de contour
output primitive; display element; graphic primitive	élément graphique; primitive graphique

P

package; program package; software package	progiciel
packaged software; canned software; off-the-shelf program; off-the-shelf software	logiciel de série; logiciel en capsule; logiciel fixe
parallel projection	projection parallèle
parameter	paramètre
parameterization	paramétrage; paramétrisation
parameterization software	logiciel de paramétrage
part family	famille de pièces; famille
patch	carreau; carreau de surface; surface élémentaire
PEL; picture element; pixel	pixel; élément d'image
perspective projection	projection perspective

PHIGS; Programmer Hierarchical Interactive Graphics System	système infographique PHIGS; norme PHIGS; PHIGS
pick device	dispositif de désignation
picture element; pixel; PEL	pixel; élément d'image
picture processing; image processing	traitement d'image
pixel; PEL; picture element	pixel; élément d'image
planning sheet	gamme opératoire; gamme d'usinage; gamme de fabrication; gamme
plasma panel; plasma panel display; plasma screen	écran à plasma
plotter; graphics plotter	traceur; table traçante; traceur de courbes
point; vertex	point
pointer	pointeur
pointing device	dispositif de pointage
point-to-point control; positioning system	commande point à point
polar coordinate	coordonnée angulaire
polygon	polygone
polygon fill	remplissage de polygone
polynomial; polynomial function	polynôme; fonction polynomiale; fonction polynôme
positioning system; point-to-point control	commande point à point
postedit program; postprocessor	programme d'adaptation; postprocesseur
postprocessor	postprocesseur

preprocessing program; preprocessor	programme de prétraitement; préprocesseur
process planning	bureau des méthodes; Méthodes; Service Méthodes
production	production
program; software program; computer program	programme; programme d'ordinateur
Programmer Hierarchical Interactive Graphics System; PHIGS	système infographique PHIGS; norme PHIGS; PHIGS
programming	programmation
programming language	langage de programmation; langage
program package; software package; package	progiciel
projection	projection
protocol	protocole

Q

quadric	quadrique

R

raster graphics	infographie par quadrillage
raster plotter	traceur par ligne

ray-casting; ray-tracing	lancé de rayon; lancer de rayon; suivi de rayon
RDB; relational data base	base de données relationnelle; BDR
realistic image	image réaliste
real time	en temps réel
refresh	rafraîchissement
refresh memory	mémoire de rafraîchissement; mémoire d'entretien
refresh rate	fréquence de rafraîchissement
regeneration; image regeneration	régénération d'image; régénération
relational data base; RDB	base de données relationnelle; BDR
relative coordinate	coordonnée relative
relative vector	vecteur relatif
rendering	rendu d'image; rendu
robot; industrial robot	robot; robot industriel
rotation	rotation
ruled surface	surface réglée

S

scaling	changement d'échelle; mise à l'échelle
scheduling	ordonnancement
scissoring; clipping	découpage; détourage

screen; viewing screen; display screen	écran; écran de visualisation
screen printing	recopie d'écran; copie d'écran
segment	segment
shading	ombrage
signal	signal
skew surface	surface gauche
smoothing	lissage
software	logiciel
software package; package; program package	progiciel
software program; computer program; program	programme; programme d'ordinateur
solid modeling; volume modeling	modélisation solide; modélisation volumique
specifications; book of specifications	cahier des charges
spline; spline function	fonction spline; spline
stacking	cotation fonctionnelle
Standard for the Exchange of Product; Standard for Transfer and Exchange of Product Model Data; STEP	STEP
straight-cut control system; straight cut system	commande paraxiale
surface	surface
surface modeling; surfacing	modélisation surfacique; surfaçage
surface of revolution	surface de révolution

surfacing; surface modeling	modélisation surfacique; surfaçage

T

tablet; graphics tablet	tablette; tablette graphique
task	tâche
teach pendant	pupitre d'apprentissage; boîte à boutons
teach programming	programmation par apprentissage
texture mapping	mappage de texture; texturage
three-dimensional; 3D	à trois dimensions; tridimensionnel; 3D
tolerancing	tolérancement
toolpath	trajectoire d'outil
touch panel; touch screen; touch-sensitive screen	écran tactile
track ball; trackball; tracker ball; control ball	boule de commande; boule roulante
transformation; transformation in design	transformation; transformation géométrique
translating	translation
trimmed surface patch	carreau restreint
two-dimensional; 2D	à deux dimensions; bidimensionnel; 2D

U

user coordinate	coordonnée d'utilisateur

V

variable	variable
vector	vecteur
vertex	sommet
vertex; point	point
viewing screen; display screen; screen	écran; écran de visualisation
view plane	plan de vue
viewport	clôture
virtual	virtuel
volume modeling; solid modeling	modélisation solide; modélisation volumique

W

window	fenêtre; fenêtre virtuelle
WIP; work-in-process	en-cours
wireframe graphics	représentation fil de fer; représentation en treillis

wire-frame modeling	modélisation fil de fer; modélisation filaire
work-in-process; WIP	en-cours
workstation	poste de travail; station de travail
world coordinate	coordonnée universelle; coordonnée virtuelle de l'usager; CVU
wrist	poignet

Bibliographie / Bibliography

Bibliographie de dépouillement : monographies, articles et périodiques qui ont servi à cerner les notions et à colliger les phraséologismes.

AUMIAUX, Michel et RODDE, Gilles. *Automatiser la production*, Paris, Masson, 1988.

BEDWORTH, David D., HENDERSON, Mark R. et WOLFE, Philip M. *Computer-Integrated Design and Manufacturing*, New York, McGraw-Hill, Inc., 1991.

BÉNASSI, Jean. *La gestion de production*, 2e éd., Paris, Hermès, 1990.

BONETTO, Roger. *Les ateliers flexibles de production*, Paris, Hermès, 1985.

COUFFIN, Pierre, HERBIN, Jean-Yves et PUZENAT, Maurice. *CAO en mécanique*, Paris, Armand Colin, 1989.

COUWENBERGH, J.P. *L'indispensable pour la CAO*, Alleur (BE), Marabout, 1991 (Collection Marabout service MS 960).

DARNIS, P. et VAN THONG, J.-M. *Graphisme et CAO, Techniques et exemples de conception graphique*, Paris, Édimicro, 1984.

DOUMEINGTS, Guy, BREUIL, Dominique et PUN, Lucas. *La gestion de production assistée par ordinateur*, Paris, Hermès, 1983.

FROMENT, Bernard et LESAGE, Jean-Jacques. *Productique : les techniques de l'usinage flexible*, Paris, Bordas, 1989.

GARDAN, Yvon. *La CFAO*, Paris, Hermès, 1986.

GARDAN, Yvon. *La CFAO : introduction, techniques, et mise en oeuvre*, 3e éd. entièrement revue et complétée, Paris, Hermès, 1991.

GIAMBIASI, Norbert, RAULT, Jean-Claude et SABONNADIÈRE, Jean-Claude. *Introduction à la conception assistée par ordinateur*, Paris, Hermès, 1983.

GIORDANO, Max, LOTTIN, Jacques. *Cours de robotique. Description et fonctionnement des robots industriels*, Paris, Armand Colin, 1990.

GROOVER, Mikell P. *Automation et systèmes de production*, vol. 1, Paris, Hermès, 1981.

GROOVER, Mikell P. *Fabrication assistée par ordinateur*, vol. 2, Paris, Hermès, 1982.

Groupe GAMA. *La gamme automatique en usinage*, Paris, Hermès, 1990.

GUISE, Jacques A. de. *Conception et fabrication assistées par ordinateur*, notes de cours PDA-321, Montréal, École de technologie supérieure, Université du Québec, 1990.

KROUSE, John K. *What Every Engineer Should Know About Computer-Aided Design and Computer-Aided Manufacturing: The CAD/CAM Revolution*, New York, Marcel Dekker, Inc., 1982.

LÉON, Jean-Claude. *Modélisation et construction de surfaces pour la CFAO*, Paris, Hermès, 1991.

LIEBLING, Thomas M. et Röthlisberger, Henry. *Infographie et applications*, Paris, Masson, 1988.

LOMBARD, Jean et DELAGE, Jean-Paul. «Machines-outils à commande numérique», *in* : *Techniques de l'ingénieur. Machine-outil*, Paris, Techniques de l'ingénieur, 11-1983, tome 7, fascicules B 1674 et B 1675.

LOYER, Michel. *La CAO - Le DAO*, «Que sais-je», n° 2612, Paris, Presses Universitaires de France, 1991.

LUCAS, Michel et GARDAN, Yvon. *Techniques graphiques interactives et C.A.O.*, Paris, Hermès, 1984.

LUZADDER, Warren J., DUFF, Jon M. *Introduction to Engineering Drawing. The Foundations of Engineering Design and Computer-aided Drafting*, Englewood Cliffs (New Jersey), Prentice Hall, 1989.

MAGNENAT-THALMANN, Nadia et THALMANN, Daniel. *Informatique graphique : concepts et techniques avec le langage MIRA*, Chicoutimi (Québec), Gaëtan Morin, 1983.

MAGNIN, René et URSO, Jean-Pierre. *Commande numérique, programmation*, Paris, Éditions Casteilla, 1991.

MEDLAND A. J. and BURNETT Piers. *CADCAM in Practice. A manager's Guide to Understanding and Using CADCAM*, New York, John Wiley & Sons, Inc., 1986.

MICAD 87. *Actes de la 6e Conférence européenne sur la CFAO et L'INFOGRAPHIE / Proceedings of the 6th European Conference on CADCAM and COMPUTER GRAPHICS*, Paris, Hermès, 1987, 2 vol.

MORVAN, Pierre et LUCAS, Michel. *Images et ordinateur : introduction à l'infographie interactive*, Paris, Larousse, 1976.

PIQUET, Francis, POITOU, Jean-Pierre et TASSE, Jean-Claude. *La CFAO : Concevoir et produire autrement*, Paris, Cisigraph/Nathan, 1989.

RICHARDS, Larry G. "Computer-Aided Design and Manufacturing", *in: Encyclopedia of Physical Science and Technology*, San Diego, Academic Press, Inc., 1987, vol. 3, p. 305-329.

RISLER, J.-J. *Méthodes mathématiques pour la CAO*, Paris, Masson, 1991.

SCHEER, A.-W., *CIM Computer Integrated Manufacturing: Computer Steered Industry*, Berlin, Springer-Verlag, 1988.

SCHWEIZER, Philippe. *Infographie I : Introduction. Bibliothèque et périphériques graphiques. Traçage. Remplissage*, Lausanne, Presses polytechniques romandes, 1987.

SCHWEIZER, Philippe. *Infographie II : Transformations et découpage. Courbes et surfaces. Normes. Visibilité. Rendu réaliste*, Lausanne, Presses polytechniques romandes, 1987.

SCRIVENER, S. A. R., ed. *Computer-aided design and manufacture: State of the Art Report 13:8*, Maidenhead (GB), Pergamon Infotech Limited, 1985.

THILLIEZ, J. *La commande numérique des machines*, Paris, Dunod, 1967.

TOUILLIEZ, R., CHAPUIS, M. et CROS, J.-P. *Usinage automatique 1 : commande des machines-outils automatisées*, Paris, Delagrave, 1974, (Technologie des fabrications mécaniques, fascicule 14).

01 Informatique, Paris, n°s 1076 à 1129, septembre 1989 à septembre 1990.

Bibliographie de référence : normes, vocabulaires, lexiques et encyclopédies.

Association canadienne de normalisation / Canadian Standards Association (CSA). *Vocabulaire des technologies de l'information / Information Technology Vocabulary*, Toronto (Ontario), Canadian Standards Association, 1992 (CAN/CSA-Z243.58-92).

Association française de normalisation (AFNOR). *Glossaire de définition productique / Industrial Automation Glossary*, Paris, AFNOR, 1990, (rapport technique, type 1, de l'ISO, *Glossaire d'automatisation industrielle / Industrial Automation Glossary*, TC184/SC5/WG3).

BASTIN, Nathalie. *Dictionnaire de la CAO et du graphisme*, Alleur (Belgique), Marabout, 1991

BOISSIER, René. *Dictionnaire technique des fabrications mécaniques*, Paris, Desforges, 1975.

CANADA. *TERMIUM, la banque de données linguistiques du gouvernement du Canada.*

CHAMBADAL, Lucien. *Dictionnaire de mathématiques*, Paris, Hachette, 1981.

Dictionnaire encyclopédique Quillet, Paris, Librairie Aristide Quillet, 1969, vol. G-J.

FRANTERM. *Dictionnaire de la micro-informatique, français-anglais*, Paris, Nathan, 1984.

GENEST, Lise. *Vocabulaire de l'infographie*, Montréal, Services linguistiques IBM, 1987.

GINGUAY, M. *Dictionnaire français-anglais d'informatique*, 4e éd., Paris, Masson, 1988.

GINGUAY, M. et LAURET, A. *Dictionnaire d'informatique*, 4e éd., Paris, Masson, 1990.

GRAHAM, Glenn A., KING, Robert E., ed. *Automation Encyclopedia, A to Z in Advanced Manufacturing, Featuring Material from Tool and Manufacturing Engineers Handbook*, Fourth Edition, Dearborn (Michigan), Society of Manufacturing Engineers, 1988.

Grand dictionnaire encyclopédique Larousse, Paris, Librairie Larousse, 1982, vol. 3, 4, 8, 9 et 10.

JAMES & JAMES, *Mathematics Dictionary*, Third Edition, New York, Van Nostrand Reinhold Company, 1968.

JOLY, Hubert, dir. *Dictionnaire des industries*, Paris, CILF, 1986.

KODRATOFF, Yves et BARÈS, Michel. *Base terminologique de l'Intelligence Artificielle*, Paris, Lavoisier, 1991.

Organisation internationale de normalisation (ISO). *Robots manipulateurs industriels — Vocabulaire / Manipulating Industrial Robots — Vocabulary*, s.l., ISO, 1988, (Rapport technique ISO/TR 8373).

Organisation internationale de normalisation (ISO). *Traitement des données : Termes fondamentaux / Data processing: Fundamental terms*, 2e édition, Paris, AFNOR, 1984, (ISO 2382/1).

Organisation internationale de normalisation (ISO) et Commission électrotechnique internationale (CEI). *Infographie / Computer Graphics*, Paris, AFNOR, 1992, (second projet de comité ISO/CEI CD 2382-13).

Organisation internationale de normalisation (ISO) et Commission électrotechnique internationale (CEI). *Productique / Computer Integrated Manufacturing*, Paris, AFNOR, 1992, (projet de comité ISO/CEI CD 2382-24).

Organisation internationale de normalisation (ISO) et Commission électrotechnique internationale (CEI). *Systèmes de traitement de l'information – Vocabulaire : architecture OSI / Information Processing System – Vocabulary: OSI architecture*, s.l., ISO, 1992, (projet de norme internationale ISO/CEI DIS 2382-26).

PARKER, Sybil P., ed. *McGraw-Hill Dictionary of Scientific and Technical Terms*, fourth Edition, New York, McGraw-Hill book company, 1989. (reprint of the 1974 ed.).

PRESTON, Edward J., CRAWFORD George W. and COTICCHIA Mark E. *CAD/CAM Dictionary*, New York, Marcel Dekker, Inc., 1985.

SOBCZAK, Thomas V., comp. *A Glossary of Terms for Computer Integrated Manufacturing*, Dearborn (Michigan), Computer and Automated Systems Association of SME, 1984.

Autres publications du Bureau de la traduction

Bulletins de terminologie

- Additifs alimentaires
- Administration municipale
- Administration publique et gestion
- Agriculture
- Bancaire
- Barrages
- Biotechnologie végétale
- Bourse et placement
- Budgétaire, comptable et financier
- Céramiques techniques
- Conditionnement d'air
- Cuivre et ses alliages
- Élections
- Fiscalité
- Génériques en usage dans les noms géographiques du Canada
- Génie cellulaire (structure cellulaire)
- Génie génétique
- Guerre spatiale
- Hélicoptères
- Intelligence artificielle
- Langage Ada
- Langage parlementaire
- Libre-échange
- Logement et sol urbain
- Lois fédérales (Lexique juridique)
- Loisirs et parcs
- Matières dangereuses utilisées au travail
- Micrographie
- Muséologie
- Nomenclature française des oiseaux d'Amérique du Nord

Other Translation Bureau Publications

Terminology Bulletins

- Acid Precipitation and Air Pollution
- Ada Language
- Advanced Ceramics
- Agriculture
- Air-Conditioning
- Artificial Intelligence
- Banking
- Budgetary, Accounting and Financial
- Cell Engineering (Cell Structure)
- Collection of Definitions in Federal Statutes
- Copper and its Alloys
- Dams
- Educational Technology and Training
- Elections
- Emergency Preparedness
- Federal Statutes (Legal Glossary)
- Food Additives
- Free Trade
- French Nomenclature of North American Birds
- Generic Terms in Canada's Geographical Names
- Genetic Engineering
- Global Warming (Contributors to the Greenhouse Effect)
- Hazardous Materials in the Workplace
- Health Services
- Helicopters
- Housing and Urban Land
- Language of Parliament
- Medical Signs and Symptoms

- Pensions
- Précipitations acides et pollution atmosphérique
- Protection civile
- Quaternaire
- Réchauffement climatique (les agents à effet de serre)
- Recueil des définitions des lois fédérales
- Sémiologie de l'appareil locomoteur (signes cliniques)
- Sémiologie de l'appareil locomoteur (signes d'imagerie médicale)
- Sémiologie médicale
- Services de santé
- Sports d'hiver
- Station spatiale
- Statistique et enquêtes
- Technologie éducative et formation
- Titres de lois fédérales
- Transport des marchandises dangereuses
- Transports urbains
- Vérification publique

Collection Lexique

- Aménagement du terrain
- Caméscope
- Chauffage central
- Classification et rémunération
- Diplomatie
- Dotation en personnel
- Droits de la personne
- Économie
- Éditique
- Emballage
- Enseignement postsecondaire
- Explosifs
- Géotextiles
- Gestion des documents
- Gestion financière
- Immobilier
- Industries graphiques
- Informatique
- Matériel de sécurité
- Mécanique des sols et fondations

- Micrographics
- Municipal Administration
- Museology
- Parks and Recreation
- Pensions
- Plant Biotechnology
- Public Administration and Management
- Public Sector Auditing
- Quaternary
- Signs and Symptoms of the Musculoskeletal System (Clinical Findings)
- Signs and Symptoms of the Musculoskeletal System (Medical Imaging Signs)
- Space Station
- Space War
- Statistics and Surveys
- Stock Market and Investment
- Taxation
- Titles of Federal Statutes
- Transportation of Dangerous Goods
- Urban Transportation
- Winter Sports

Glossary Series

- Acid Rain
- Camcorder
- Central Heating
- Classification and Pay
- Construction Projects
- Desktop Publishing
- Diplomacy
- Economics
- Explosives
- Financial Management
- Geotextiles
- Graphic Arts
- Human Rights
- Informatics
- Labour Relations
- Management Planning
- Meetings
- Packaging
- Parliamentary Procedure
- Postsecondary Education
- Realty

- Planification de gestion
- Pluies acides
- Procédure parlementaire
- Projets de construction
- Relations du travail
- Reprographie
- Réunions
- Services sociaux

- Records Management
- Reprography
- Security Equipment
- Site Development
- Social Services
- Soil Mechanics and Foundations
- Staffing

Collection Lexiques ministériels

- Assurance-chômage
- Emploi
- Immigration

Departmental Glossary Series

- Employment
- Immigration
- Unemployment Insurance

Langue et traduction

Language and Translation

- Aide-mémoire d'autoperfectionnement à l'intention des traducteurs et des rédacteurs
- Guide du rédacteur de l'administration fédérale
- Lexique analogique
- Repères - T/R
- The Canadian Style: A Guide to Writing and Editing
- Vade-mecum linguistique

Autre publication

- Bibliographie sélective : Terminologie et disciplines connexes

Other Publication

- Selective Bibliography: Terminology and Related Fields

L'Actualité terminologique

Bulletin d'information portant sur la recherche terminologique et la linguistique en général. (Abonnement annuel, 4 numéros)

Terminology Update

Information bulletin on terminological research and linguistics in general. (Annual subscription, 4 issues)

On peut se procurer toutes les publications en écrivant à l'adresse suivante :

Groupe Communication Canada – Édition
Ottawa (Ontario)
K1A 0S9
tél. : (819) 956-4802

ou chez votre libraire local.

All publications may be obtained at the following address:

Canada Communication Group – Publishing
Ottawa, Ontario
K1A 0S9
tel.: (819) 956-4802

or through your local bookseller.